ADB 和 KfW 联合融资广西现代职业教育发展示范项目
校企合作课程开发教材

中央空调原理与维护

主　编　余向阳　吴义龙

副主编　廖　莎　黄秋妹　冯锡军　李松雷

参　编　陈　就　黄冬梅　吴俊华　李卿元
　　　　　黄小青　盘青云　覃婵娟

合肥工業大學出版社

前　言

在当今社会，中央空调已经成为许多建筑物中不可或缺的设备之一。它不仅为人们提供了舒适的环境，还成为现代建筑的重要标志之一。中央空调系统是一个复杂且技术含量高的设备，需要专业的知识和技能来设计和维护。为了帮助读者更好地了解和掌握中央空调的相关知识，我们编写了这本《中央空调原理与维护》教材。

本书是一本关于水冷式中央空调原理及维护保养的教材，以“美的中央空调 LSBLG255/M（Z）水冷螺杆式冷水机组”为主要学习对象，让读者学习中央空调的制冷系统、冷冻水循环系统、冷却水循环系统、空气循环系统等相关知识与技能，掌握各个系统的日常维护与保养（简称“维保”）技术。我们希望通过本书，使读者能够深入了解中央空调的工作原理、系统构成及日常维保等方面的知识。

在编写过程中，我们对本地区的中央空调维保企业进行了深度的调研，了解了中央空调维保技术的相关标准，并得到了广西凤祥机电设备有限公司、南宁冷辉空调冷冻技术服务有限责任公司的大力支持。同时，我们也参考了大量的文献和资料，以确保本书内容的准确性和权威性。

本书注重理论与实践相结合，通过丰富的案例和图片，使读者更好地理解中央空调系统的实际维保操作和应用。学习内容则以任务引导的方式进行编排，能够有效地指引读者一步步地学习维保的相关技术。此外，我们还增加了对维保技术的原理解释，通过原理解释让读者了解维保技术的所以然与之所以然。这有利于读者巩固所学知识，提高实际操作能力。

本书分为十四个任务，这些任务属于中央空调维护保养的典型任务。通过这些任务的学习，读者能够从事中央空调的维护与保养工作。其中任务一、十一、十三、十四由余向阳编写，任务二、三由廖莎编写，任务四、五、八由吴义龙编写，任务六、七、十二由冯锡军编写，任务九、十由黄秋妹编写，最后由余向阳统稿与校对，李松雷负责提供实操资源，陈就、黄冬梅、吴俊华、李卿元、黄小青、盘青云、覃婵娟负责搜寻、整理书稿资料。相关的维保技术获得了广西凤祥机电设备有限公司、南宁冷辉空调冷冻技术服务有限责任公司的大力支持。

我们衷心希望广大读者能够通过本书，全面掌握中央空调系统维护与保养的相关知识，为未来的学习和工作打下坚实的基础。同时，也希望本书能为推动中央空调行业的发展和进步做出贡献。

最后，感谢所有参与编写和出版本书的人员，也感谢广大读者的支持和关注。由于编者水平有限，书中难免出现错误，请读者批评指正。我们将不断努力，为广大读者提供更多优质的学习资源。

编　者

2023 年 7 月

目　　录

水冷式中央空调原理与结构

中央空调是一种常用的制冷（热）设备，在一些大型的商场、写字楼、娱乐场所中，人们都会采用中央空调集中供冷（热）。因为中央空调的特性与家用空调有明显的区别，且家用空调看得见摸得着，而中央空调安装在建筑物的隐蔽处，普通人员能够看到的只有末端冷（热）风出风口，其他部分只有专业人员才能接触到，所以普通人员对中央空调没有直观的感受。中央空调属于特种设备。

中央空调可以分为家用中央空调与商用中央空调，商用中央空调又分为水冷式中央空调和风冷式中央空调。下面我们重点学习水冷式中央空调的相关知识。

一、水冷式中央空调的结构

水冷式中央空调通过冷却水塔、冷却水泵对冷却水进行降温循环，从而对水冷机组中冷凝器内的制冷剂进行降温，使降温后的制冷剂流向蒸发器，经蒸发器对循环的冷冻水进行降温，再将降温后的冷冻水送至室内末端设备（风机盘管）中，由室内末端设备（风机盘管）与室内空气进行热交换，从而实现对空气的调节。

水冷式中央空调主要由水冷机组、冷却水塔、风机盘管、膨胀水箱、冷冻水管路、冷却水泵及闸阀组件和压力表等构成。闸阀组件主要包括管路截止阀、“Y”形过滤器、过滤器、水流开关、单向阀及排水阀等。水冷式中央空调结构示意图如图 0－1 所示。

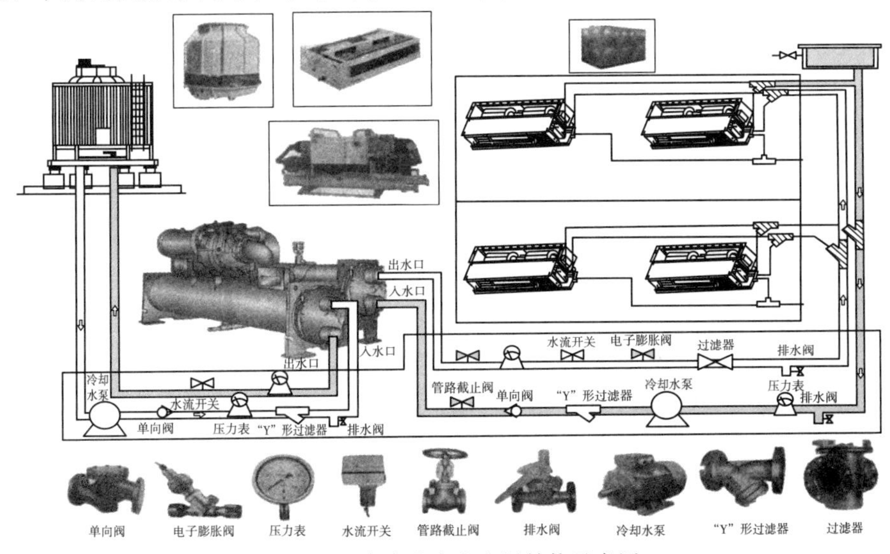

图 0－1　水冷式中央空调结构示意图

在水冷式中央空调工作过程中，存在四种循环。这四种循环分别是制冷循环、冷却水循环、冷冻水循环、空气循环。水冷式中央空调各循环系统如图 0－2 所示。

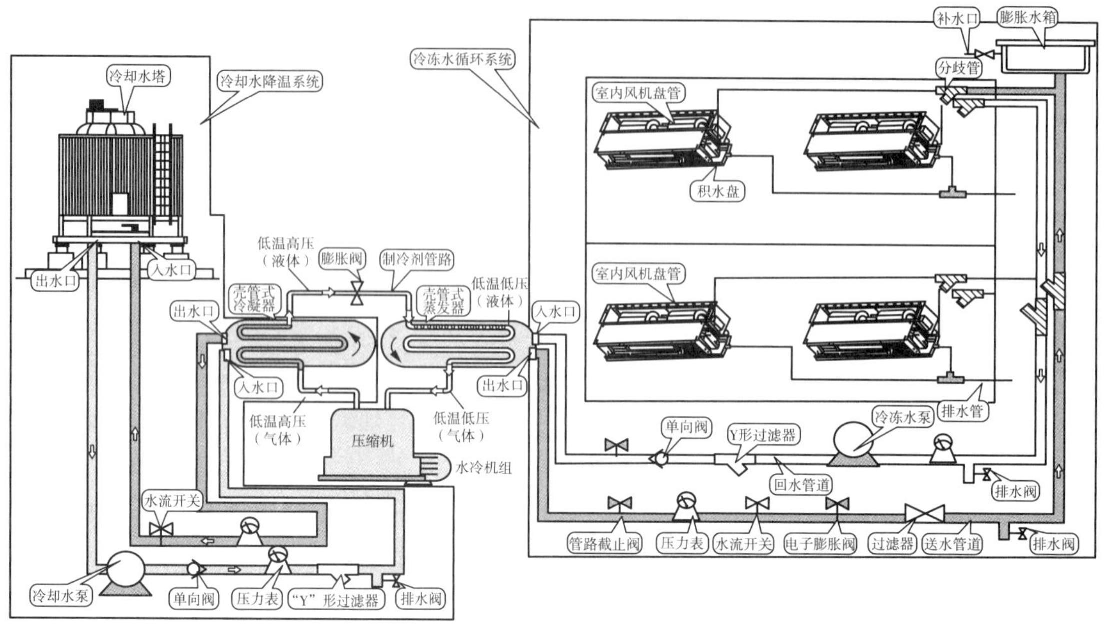

图 0－2　水冷式中央空调各循环系统

（一）制冷循环

制冷循环主要在水冷机组（图 0－3）内部实现。

水冷机组包括主机控制柜、螺杆式压缩机、蒸发器、冷凝器、干燥过滤器、膨胀阀（节流机构）等。

其中，主机控制柜是整个主机的核心控制部件，内部有 CPU，它会根据水冷机组的各种传感器获得的数据来判断压缩机的开关机状况或故障。把图 0－3 简化后可得如图 0－4 所示的制冷原理示意图。

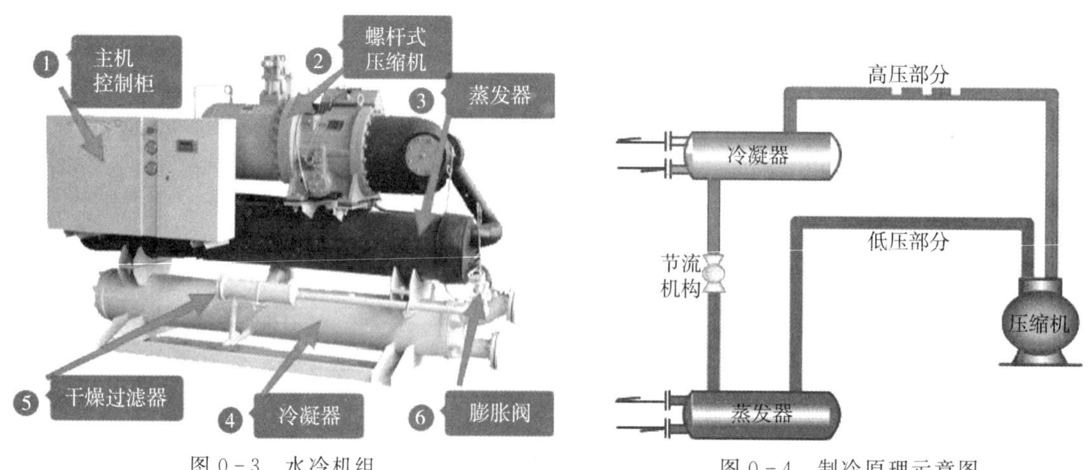

图 0－3　水冷机组

图 0－4　制冷原理示意图

工作原理：螺杆式压缩机不断地从蒸发器中抽走低温低压制冷剂气体，并压缩到冷凝器中变成高温高压制冷剂气体，高温高压制冷剂气体在冷凝器中冷却为低温高压制冷剂液体，经过膨胀阀（节流机构）后，制冷剂液体再次蒸发成为低温低压制冷剂气体，周而复始。

在蒸发器中通入水，这些水经低温制冷剂冷却后变成冷冻水，这些冷冻水再通过水泵与送水管道被送到各个末端，实现冷量的输送。

在冷凝器中通入水，这些水经高温制冷剂的冷却，变成冷却水，这些冷却水再通过水泵与送水管被送到冷却塔冷却。

注意：蒸发器与冷凝器中通入的水与制冷剂隔离，各自的循环互不干扰，只进行热量交换。

1. 壳管式蒸发器

壳管式蒸发器结构如图 0－5 所示。壳管式蒸发器内部有两路通道，一路是制冷剂流动通道，另一路是冷冻水流动通道，这两个通道相互隔离。

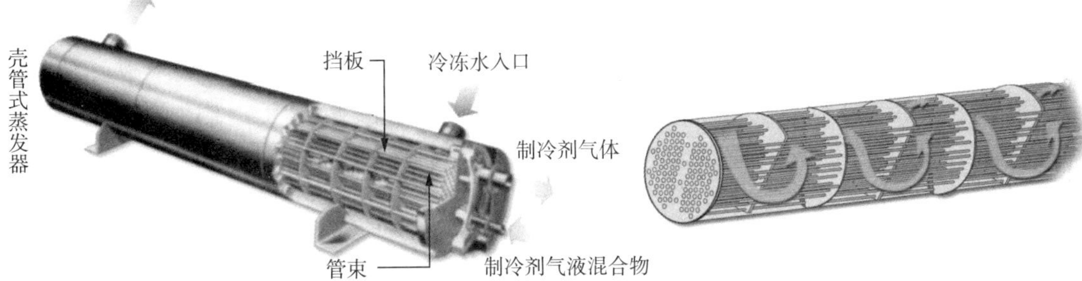

图 0－5　壳管式蒸发器结构

为了使热交接更充分，我们使制冷剂在管束中流动，使冷冻水在管束外迂回流动。

2. 壳管式冷凝器

壳管式冷凝器结构（图 0－6）与壳管式蒸发器相似，内部也有两路通道，一路是制冷剂流动通道，另一路是冷却水流动通道，两者是隔离的。

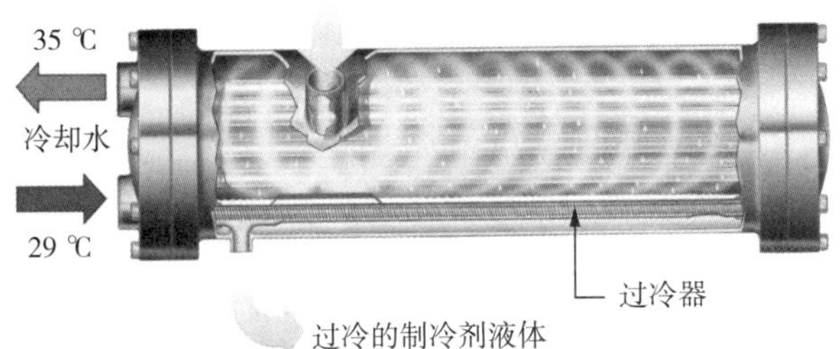

图 0－6　壳管式冷凝器结构

冷却水在管束内流动，高温高压的制冷剂气体流过管束表面时，被冷却凝结成制冷剂液体，从下部出口流出，然后到达节流机构。

3. 膨胀阀（节流机构）

膨胀阀是水冷机组必不可少的部件，它的作用：节流降压。膨胀阀如图 0－7 所示。

图 0－7　膨胀阀

膨胀阀工作原理如图 0－8 所示。

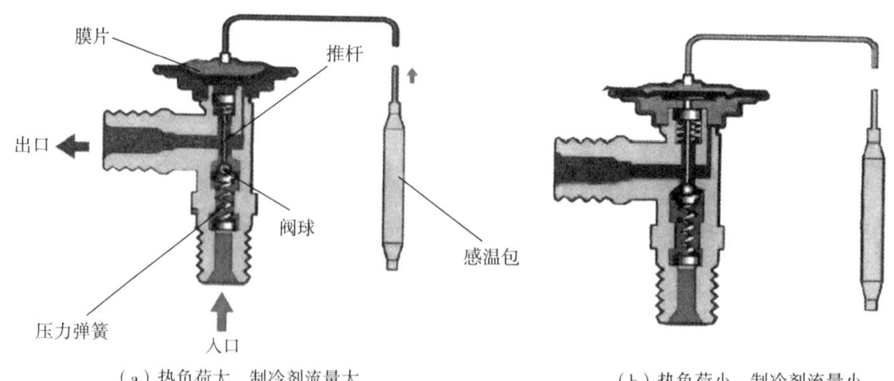

（a）热负荷大，制冷剂流量大　　（b）热负荷小，制冷剂流量小

图 0－8　膨胀阀工作原理

当热负荷大时，感温包感受到的温度高，内部的气体膨胀把膜片往下压，从而使阀球下移，使阀芯开启度增大，制冷剂的流量增大，此时制冷循环的整体制冷量增加。

当热负荷小时，感温包感受到的温度低，内部的气体收缩，使膜片往上移，从而使阀球在压力弹簧的作用下上移，使阀芯开启度减小，制冷剂的流量减小，此时制冷循环的整体制冷量减小。

4．压缩机

压缩机的种类比较多，有螺杆式的、活塞式的、离心式的。螺杆式压缩机（图 0－9）因为结构相对简单而得到广泛应用。

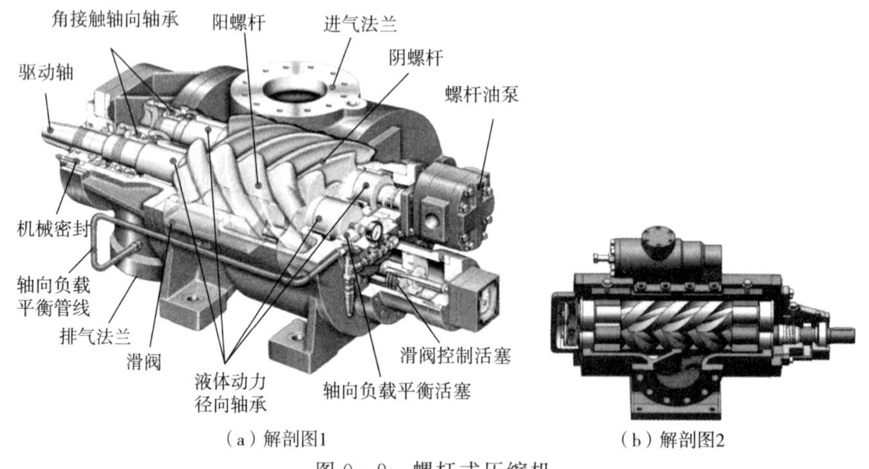

（a）解剖图1　　（b）解剖图2

图 0－9　螺杆式压缩机

它的核心部件是阴螺杆、阳螺杆与电机。在电机的带动下，阴螺杆、阳螺杆相互啮合，实现吸气与排气。电机连接着驱动轴，驱动阴螺杆、阳螺杆转动。图 0－9 没有展示出电机。

5．干燥过滤器

人们在生产制冷剂时或者在维修时，不能够完全把水分离出来，使制冷剂中或多或少地存在水分，而这些水分对制冷系统是不利的。另外，在机组运行过程中会产生杂质，这些杂质会在节流机构聚集从而造成堵塞。因此，在制冷循环系统中，我们必须加干燥过滤器，它能起到干燥与过滤的作用。

干燥过滤器如图 0－10 所示。

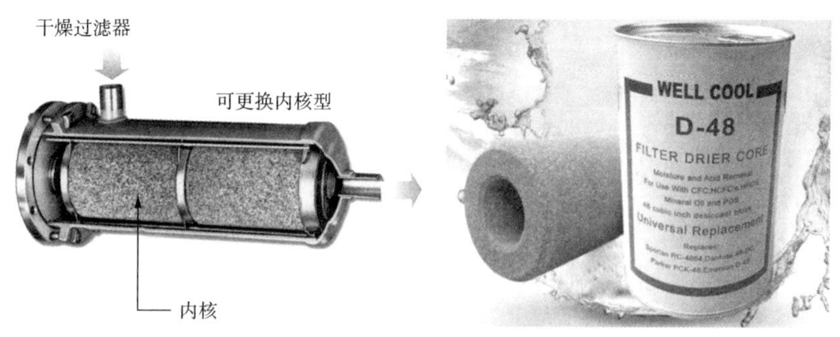

图 0-10 干燥过滤器

图 0-10 中，内核实际上就是干燥滤芯，一盘干燥滤芯由两个滤芯串接起来。一盘干燥滤芯由 80%的分子筛加上 20%的氧化铝组成，既能吸水又能过滤杂质。在保养时我们需要认真评估干燥过滤器的效能，并定时更换。干燥滤芯有多种型号，不同的型号适用于不同的制冷剂，比如 D-48 型适用于 R22、R12、R134A、R404A 等制冷剂。

（二）冷却水循环系统

冷却水循环系统（图 0-11）也叫冷却水降温系统。它由壳管式冷凝器、冷却水泵、冷却水塔、输水管道及附属部件（如"Y"形过滤器、压力表）等构成。

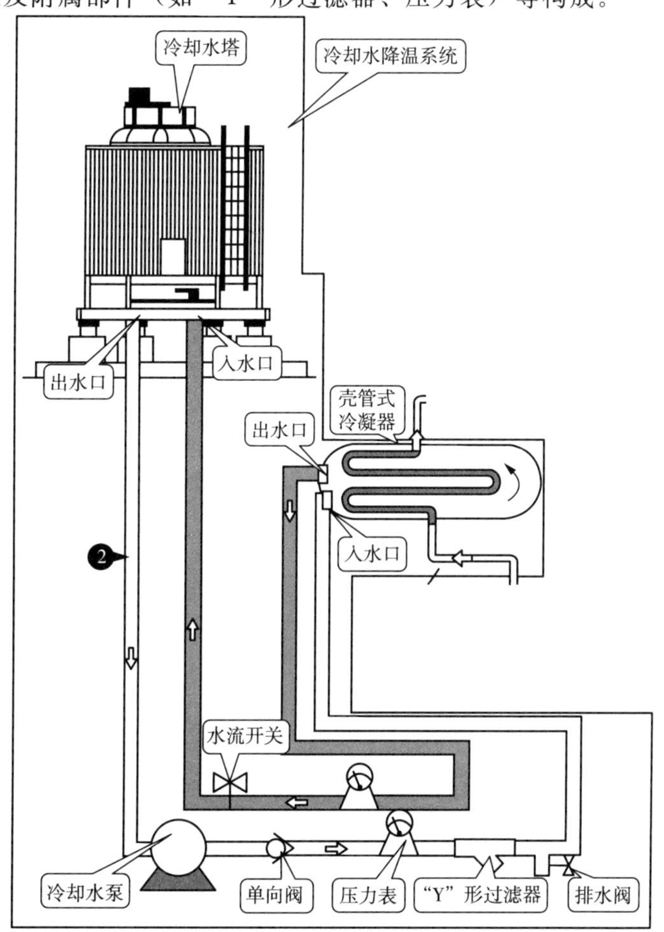

图 0-11 冷却水循环系统

该系统的主要作用是把壳管式冷凝器中的高温高压制冷剂气体冷却为低温高压的制冷剂液体。

1. 冷却水塔

冷却水塔的作用是对从壳管式冷凝器中流出的热水进行降温。

冷却水塔外形如图 0-12 所示。

（a）圆形

（b）方形

图 0-12　冷却水塔外形

冷却水塔按通风方式分为自然通风冷却塔、机械通风冷却塔、混合通风冷却塔。

冷却水塔按水和空气的接触方式分为湿式冷却塔、干式冷却塔、干湿式冷却塔。

冷却水塔按热水和空气的流动方向分为逆流式冷却塔、横流（直交流）式冷却塔、混流式冷却塔。

冷却水塔按应用领域分为工业型冷却塔、空调型冷却塔。

冷却水塔按噪声级别分为普通型冷却塔、低噪型冷却塔、超低噪型冷却塔、超静音型冷却塔。

冷却水塔按形状分为圆形冷却塔、方形冷却塔。

冷却水塔按水和空气是否直接接触分为开式冷却塔、闭式冷却塔（也称封闭式冷却塔、密闭式冷却塔）。

下面以湿式冷却塔为例进行讲解。湿式冷却塔的内部结构如图 0-13 所示。

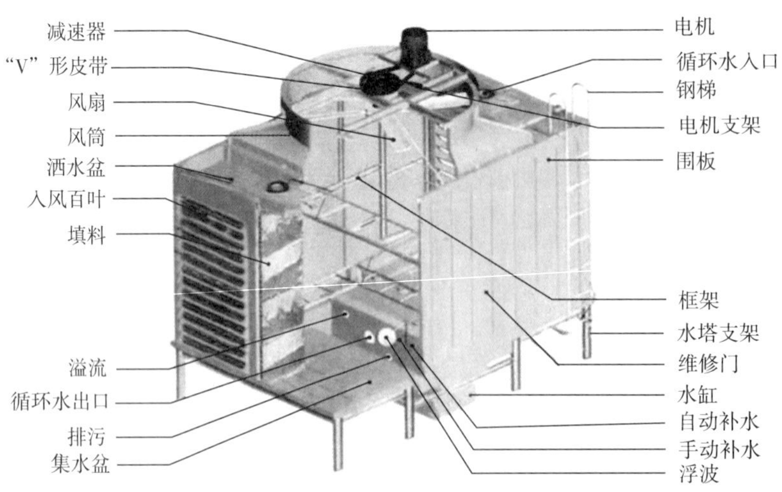

图 0-13　湿式冷却塔的内部结构

湿式冷却塔的主要部件有电机及风扇、洒水盆、填料、集水盆、水缸（排污槽）、输水管道等。

湿式冷却塔工作示意图如图 0－14 所示。

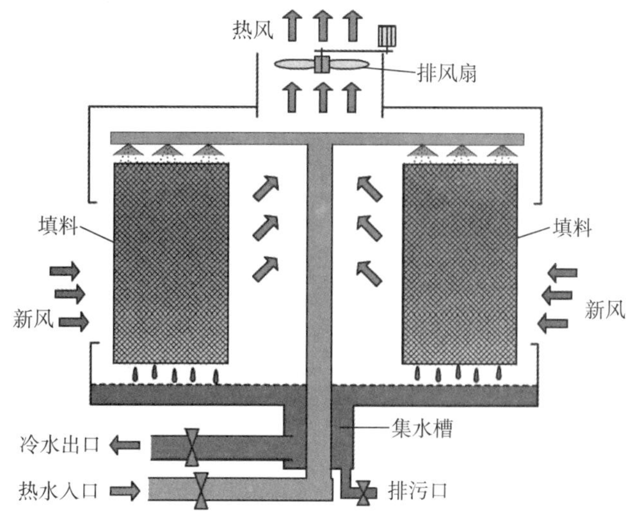

图 0－14　湿式冷却塔工作示意图

干式冷却塔与湿式冷却塔有明显区别。干式冷却塔工作原理示意图如图 0－15 所示。

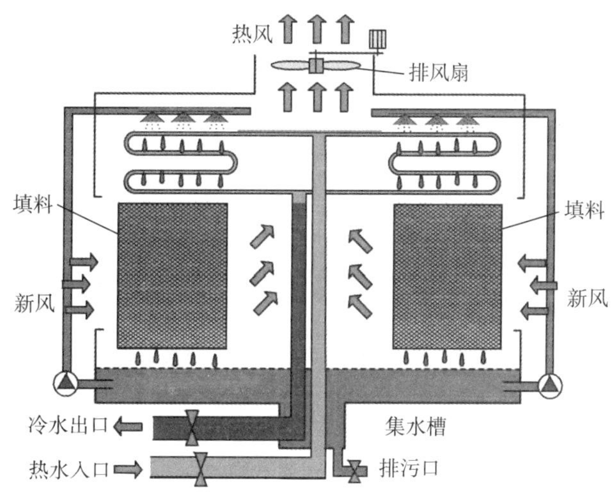

图 0－15　干式冷却塔工作原理示意图

从冷凝器送来的冷却水，在冷却塔内封闭流动，不与冷却塔外的水交汇。

2. 冷却水泵

冷却水泵的作用是驱动冷却水循环流动。它分为电机与泵两部分。电机是普通三相交流异步电动机。因为这些水泵需要露天安装，所以我们需要考虑防雨水的问题。

冷却水泵如图 0－16 所示。

图 0－16　冷却水泵

它有立式与卧式之分。

3. 蝶阀

蝶阀又叫翻板阀，是一种结构简单的调节阀，可控制低压管道中的介质。它的启闭件（阀瓣或蝶板）为圆盘，围绕阀轴旋转来实现开启与关闭。

蝶阀是用圆盘式启闭件往复回转 90°左右来开启、关闭或调节介质流量的。蝶阀不仅结构简单，体积小，质量小，材料耗用省，安装尺寸小，驱动力矩小，操作简便、迅速，还具有良好的流量调节功能和关闭密封特性，是近年来发展很快的阀门品种之一。蝶阀的使用非常广泛。其使用的品种数和数量仍在继续增加，并向高温、高压、大口径、高密封性、长寿命、优良的调节特性，以及一阀多功能方向发展。其可靠性及其他性能指标均达到较高水平。

图 0－17　蝶阀的外形结构

蝶阀在冷却水循环系统与冷冻水循环系统中使用广泛。

图 0－17 是蝶阀的外形结构。

（三）冷冻水循环系统

冷冻水循环系统的作用是把被壳管式蒸发器冷却到几摄氏度的冷冻水输送到各个末端（风机盘管），等冷冻水被末端升温后再将之送回壳管式蒸发器，再次冷却。在这个循环系统中，有一个膨胀水箱及时进行补水。

冷冻水循环系统的结构如图 0－18 所示。

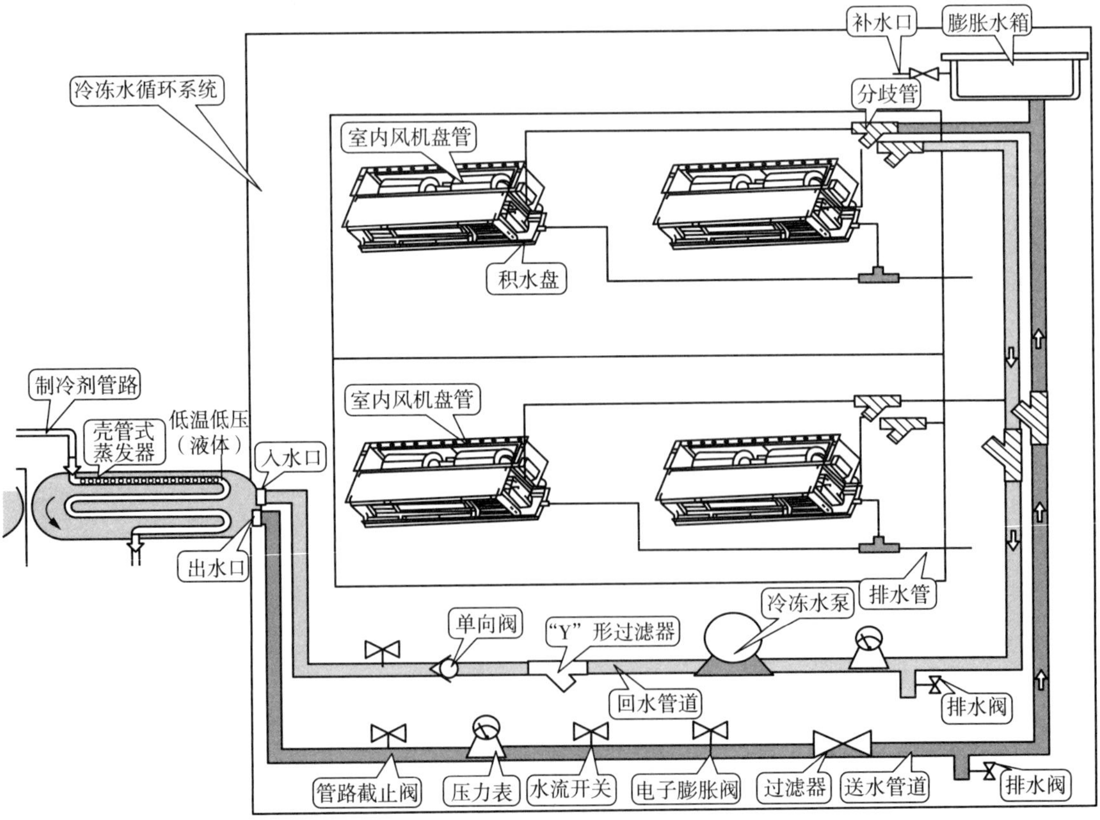

图 0－18　冷冻水循环系统的结构

在这个循环系统中，核心部件是冷冻水泵、壳管式蒸发器、末端（风机盘管）、膨胀水箱。

壳管式蒸发器对冷冻水进行降温，冷冻水泵为送水提供动力，末端把冷冻水的冷量送到房间或者空气循环通道，膨胀水箱的作用是防止管道中的冷冻水由于热胀冷缩而使管道破损。同时，膨胀水箱还有补水口，当冷冻水循环系统中的水量减少时，我们可以通过补水口为该系统补水。

风机盘管机组简称为风机盘管。它是由小型风机、电动机和盘管（空气换热器）等组成的空调系统末端装置之一。冷冻水或热水流过盘管管内与管外空气换热，使空气被冷却或被加热，以此来调节室内的空气参数。风机盘管是冷冻水循环系统中不可或缺的设备。

风机盘管结构如图 0-19 所示。

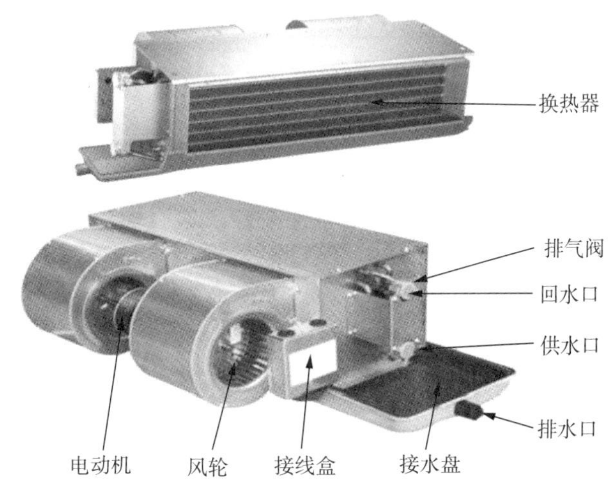

图 0-19　风机盘管结构

（四）空气循环系统

在中央空调的空气循环系统中，对于单独的房间一般用一个末端（风机盘管）直接给室内送冷风。对于宽阔的地方，比如商场，则采用在末端加送风和回风管道的方式送冷风。送回风管道如图 0-20 所示。

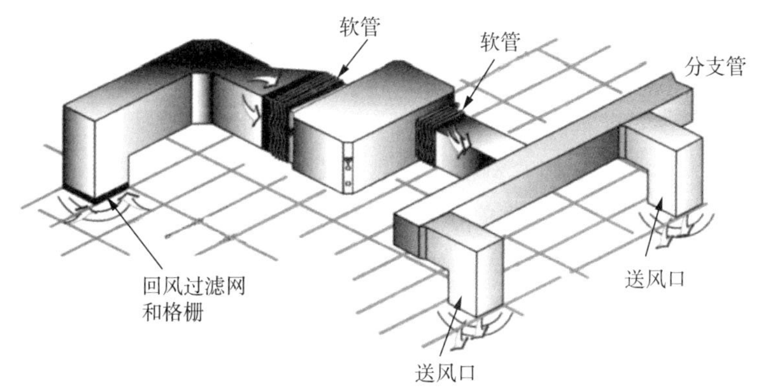

图 0-20　送回风管道

两处软管之间即末端（风机盘管）。图 0-21 为房间空气循环系统。

图 0－21 中，每个房间都有出风口，可以调节出风的风量。所有的出风口都与风机盘管相连，冷量就是从风机盘管而来。冷冻水循环系统把冷冻水送到风机盘管，冷却空气后，将冷空气输送到各个房间。为了保证房间内有充足的氧气，水冷式中央空调增加了新风口。只要打开新风口，新鲜空气就被冷却并不断地被送入输送管道中。

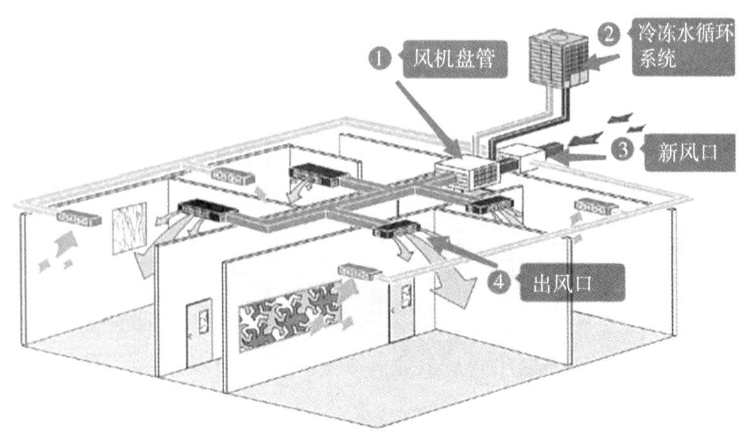

图 0－21　房间空气循环系统

空气循环系统的作用是把冷量送到人生活与工作的环境中，保证该环境中的人处于舒适的温度中。

特别注意，末端（风机盘管）在工作的时候会形成冷凝水，冷凝水由风机盘管上的冷凝水盘收集，并经过排水管排出。排水管一般由 PVC 塑料管道连接而成，出口一般连接建筑物的排水系统。

二、中央空调维护与保养的意义

中央空调在调控温度和湿度方面起着举足轻重的作用。中央空调经过长时间运行后，其冷冻水系统、冷却水系统、制冷主机及风机盘管散热盘片不可避免地会出现腐蚀、结垢和生物黏泥等问题。

腐蚀：空调系统的冷却水、冷冻水未经处理有极强的腐蚀性，如将普通钢片或铁钉放入水中，几天后就会出现铁锈，放置时间越长则锈蚀越严重。设备内壁常因腐蚀而出现锈渣脱落现象，甚至穿孔，脱落的锈渣会堵塞盘管，使制冷效果下降；同时，腐蚀的存在使设备的使用寿命大为缩短。

结垢：管道内溶于水中的无机盐结晶析出，在冷凝器等换热面管壁上形成水垢，导致热交换效率降低，制冷效果下降，严重时制冷效果下降 30%。同时，硬垢增加，则用电量增加，严重时增加 35%。

生物黏泥：水中泥土、泥沙、腐殖质会形成污垢，加上细菌、藻类等生物及其分泌物会形成生物黏泥，严重时造成管路堵塞；而污垢、生物黏泥会影响热交换效率，使耗电量增加，造成设备高压运行，严重时造成超压停机。以上这些问题严重地影响了中央空调系统的正常运行。

中央空调系统出现腐蚀、结垢、生物黏泥问题将直接导致制冷能力减弱、使用寿命缩短、运行可靠性降低、能耗增加等，同时导致运行费用增加。为使中央空调系统在最优状态下运行，必须对中央空调系统的冷却水系统和冷冻水系统进行专门的化学药物处理：清除水垢、锈蚀、生物黏泥及杀菌和防腐蚀。其意义在于下面两点。

(1) 节约能源，降低运行成本，延长使用寿命，减少设备折旧使用费。

在中央空调的蒸发器和冷凝器传热过程中，污垢直接影响着传热效率和设备的正常运行。中央空调机组运行结果表明，未进行清洗的空调机组运行一段时间后，用电量增加10%～30%。

(2) 减少事故停机，改善制冷效果。清洗可去除污泥，使管路畅通，水质清澈；同时除垢、防垢，提高了冷凝器、蒸发器的热效率，从而避免出现高压运行和超压停机现象，提高了冷冻水流量，改善了制冷效果，使系统安全、高效运行。

三、中央空调清洗与保养的五大处理工艺

(1) 杀菌灭藻：通过加入杀菌药剂，清除循环水中的各种细菌和藻类。

(2) 生物剥离剂：将管道内的生物黏泥剥离脱落，通过循环将生物黏泥清洗出来。

(3) 化学清洗：加入综合性化学清洗剂。此种清洗剂具有缓蚀、分散、除垢的作用，可以对水的循环系统进行处理。这种处理方法既能将管道内的锈、垢、油污进行清洗后分散排除，又可防止清洗剂对系统装置和管路造成危害，可以提供一个清洁的金属表面。

(4) 表面预膜：投入预膜药剂，在金属表面形成致密的聚合高分子保护膜，以起到防腐蚀保护作用。

(5) 日常养护：加入综合性的日常养护处理剂，这种处理剂具有缓蚀、避免金属生锈的作用。日常养护处理剂中含有高分子络合阻垢剂，通过络合作用，防止钙、镁离子结晶沉淀，延长机组的使用寿命，节水、省电，可提高制冷效率。另外，维保（即维护保养）人员要定期抽检，以监控水质。

四、水冷式中央空调维护与保养的项目

（一）冷水机组的维护与保养

项目	维护保养内容	时间	备注
正常运行中的维护保养及检查	检查压缩机冷冻油的油压及油量	日常检查	
	系统检漏（制冷剂），发现漏点及时处理		
	检查有无不正常的声响、振动及高温		
	检查冷凝器及蒸发器的温度、压力		
	检查各种阀门是否正常		
	检查冷水机出入水的温度及压力		
	检查主电路上接线端子，若有松动则压实		
	检查电气控制部分有无异常，检查各仪表、控制器的工作状态		
	检查机组润滑系统机油是否充足		
	检查制冷设备安全保护装置整定值		
	检查压缩机冷冻油的油压及油量，必要时进行冷冻油更换及补充；检查压缩机电机绝缘情况		
	检查并收紧电路上的各电线接点		
	检查制冷系统内是否存有空气，若有则应排放空气		

（续表）

项目	维护保养内容	时间	备注
冷凝器、蒸发器维修保养（清除污垢）	（1）配制酸溶液，配制10%的盐酸溶液（每1 kg酸溶液里加0.5 g缓蚀剂）； （2）拆开冷凝器、蒸发器两端进出水法兰封闭，然后向里面注满酸溶液，进行酸洗，注意控制酸的浓度和清洗时间，保证清洗效果，并保证腐蚀量不能超标； （3）酸洗完后用1%的NaOH溶液或5%的Na_2CO_3溶液清洗15 min，用清水冲洗3次以上； （4）全部清洗完毕后，检查是否漏水，若漏水则申请外委维修（即设备供应商维修），若不漏水则重新装好（若法兰盘的密封胶垫已老化则应更换）	1年/次	重要
电气控制部分维护保养	（1）对中间继电器、信号继电器做模拟实验，检查二者的动作是否可靠，输出的信号是否正常，否则应更换同型号的中间继电器、信号继电器； （2）PC中央处理器、印刷线路板如出现问题，则申请外委维修	1年/次	
压缩机维护保养	（1）压缩机电机绝缘电阻（正常值为0.5 MΩ以上）； （2）压缩机运行电流（正常为额定值，三相基本平衡）； （3）压缩机油压（正常为10～15 kgf/cm²）； （4）压缩机外壳温度（正常为85℃以下）； （5）吸气压力（正常值为4.9～5.4 kgf/cm²）； （6）排气压力（正常值为12.5 kgf/cm²，不同品牌有偏差）； （7）检查压缩机是否有异常的噪声或振动； （8）检查压缩机是否有异常的气味。 通过上述检查综合判断压缩机是否有故障，若有则应更换压缩机（外委维修）	日常检查	
	检查压缩机油位、油色。若油位低于观察镜的1/2位置，则应查明漏油原因并排除故障后再充注润滑油；若油已变色则应彻底更换润滑油		

（二）水循环管道部分（机房内循环水泵、补水泵等）的维护保养

项目	维护保养内容	时间	备注
水泵维修保养	（1）转动水泵轴，观察是否有阻滞、碰撞、卡住现象，若是轴承问题则对轴承加注润滑油或更换轴承，若是水泵叶轮问题则应拆修水泵； （2）检查机械密封是否漏水，若漏水请更换	每季度/次	

（续表）

项目	维护保养内容	时间	备注
截止阀与调节阀的维修保养	(1) 检查是否泄漏，若是则应加压填料； (2) 检查阀门开闭是否灵活，若阻力较大则应对阀杆加注润滑油； (3) 若阀门破裂或开闭失效，则应更换同规格阀门； (4) 检查法兰连接处是否渗漏，若是则应拆换密封胶垫	每季度/次	重要
整个循环水系统检查及保养	(1) 检查弹性联轴器有无损坏，若损坏则应更换弹性橡胶垫； (2) 清洗水泵过滤网； (3) 拧紧水泵机组所有紧固螺栓； (4) 清洗水泵机组外壳，若脱漆或锈蚀严重，则应重新刷一遍油漆； (5) 检查冷冻水管路、送冷风管路、风机盘管路处是否有大量的冷凝水或保温层有无破损，若是则应维修或更换保温层	每季度/次	重要
电动机维护保养	(1) 用 500 V 摇表检测电动机线圈绝缘电阻是否在 0.5 MΩ 以上，若不在则应进行干燥处理或修复； (2) 检查电动机轴承有无阻滞现象，若有则应加润滑油，若加润滑油后仍不行，则应更换同型号、同规格的轴承； (3) 检查电动机风叶有无擦壳现象，若有则应修整处理	每季度/次	

（三）冷却塔的维护与保养

项目	维护保养内容	时间	备注
电机部分维护保养	用 500 V 摇表检测电机绝缘电阻，其值应不低于 0.5 MΩ，否则应干燥处理电机线圈，干燥处理后仍达不到 0.5 MΩ 以上时应拆修电机线圈	每季度/次	
	检查电机、风扇是否转动灵活，若有阻滞现象则应加注润滑油；若有异常摩擦声则应更换同型号、同规格的轴承	每季度/次	
	(1) 检查皮带是否开裂或磨损严重，若是则应更换同规格皮带； (2) 检查皮带是否太松，若是则应调整；检查皮带轮与轴配合是否松动，若是则应整修	每季度/次	
整体检查	检查布水器是否布水均匀，若不均匀应清洁管道及喷嘴	每季度/次	
	清洗冷却塔（包括填料、集水槽），清洁风扇风叶		
	检查补水浮球阀动作是否可靠，若不可靠应修复		
	拧紧所有紧固件		
	清洁整个冷却塔外表		

（四）末端（风机盘管）部分的维护保养

项目	维护保养内容	时间	备注
末端（风机盘管）维护保养	清洁风机盘管外壳、冷凝水盘及畅通冷凝水管	每季度/次	
	清洗进回风初效空气过滤网，排除盘管内的空气		
	检查风机转动灵活度、皮带松紧度。若有阻滞现象或皮带过松，则应加注润滑油和调整电机距离。若有异常摩擦响声则应更换风机轴承		
	用 500 V 摇表检测风机电机线圈，绝缘电阻值应不低于 0.5 MΩ，否则应整修处理。检查电容有无变形、鼓胀或开裂现象，若有则应更换同规格电容；检查各接线头是否牢固，是否有过热痕迹，若有则相应整修		
	检查各末端温控开关是否完好，若控制不灵、线盒损坏则应及时更换		
	清洁风机风叶、盘管、积水盘上的污物		
	拧紧所有紧固件		

（五）所有控制柜的维护保养

项目	维护保养内容	时间	备注
交流接触器维护保养	（1）清除灭弧罩内的碳化物和金属颗粒； （2）清除触头表面及四周的污物（但不要修锉触头）； （3）若触头烧蚀严重则应更换同规格交流接触器； （4）清洁铁芯上的灰尘及脏物； （5）拧紧所有紧固螺栓	每季度/次	
热继电器维护保养	（1）检查热继电器的导线接头处有无过热或烧伤痕迹，若有则应整修处理，处理后达不到要求的应更换； （2）检查热继电器上的绝缘盖板是否完整，若损坏则应更换	每季度/次	
空气开关维护保养	（1）用 500 V 摇表测量绝缘电阻，其值应不低于 0.5 MΩ，否则应烘干处理； （2）清除灭弧罩内的碳化物或金属颗粒，若灭弧罩损坏则应更换； （3）清除触头表面上的小金属颗粒（不要修锉触头）	每季度/次	
信号灯、指示仪表维护保养	（1）检查各信号灯是否正常，若不亮则应更换同规格的小灯泡； （2）检查各仪表指示是否正确，若偏差较大则应适当调整，调整后偏差仍较大应更换	1 年/次	
其他项	清洁控制柜内外的灰尘、脏物	每周/次	
	检查、紧固所有接线头，对于烧蚀严重的接线头应更换		

(六) 设备供应商维护保养

在日常维护保养过程中若有需更换备件或无法达到效果的要请设备供应商处理。

(七) 维护保养后中央空调机组预计达到的效果

(1) 保护设备，延长使用寿命：可以防锈、防垢。避免设备腐蚀、损坏，特别是经预防处理后，设备使用寿命可以延长 1 倍；投入缓蚀剂以后，可以使设备系统腐蚀速度下降 90%。

(2) 降低事故发生率，改善制冷效果：可杀菌灭藻，去除污泥，使管路畅通，水质清澈。同时，维护保养可以提高冷凝器、蒸发器的热交换效率，从而避免高压运行和超压停机现象，提高了冷冻水流量，改善了制冷效果，使系统安全、高效运行。

(3) 节能节水，减少成本：在去除水垢、阻止水垢形成，提高热交换效率的同时，减少电能或燃料的消耗。水处理后还可以减少排污量，提高循环水的利用率，从而降低生产成本。

(4) 大量节省维修费用：未经处理的中央空调，会出现设备管路堵塞、结垢、腐蚀、超压停机等故障，如运行系统因腐蚀泄漏而产生溶液污染，则需要更换热装置和溶液，主机维修费一般需要 20 万～50 万元；经过处理后，维修费用减少了，设备使用寿命延长了，经济效益更好了。

(5) 经过处理的中央空调所供应的冷气、暖气清新优质，更利于人们的身体健康。

任务一：水冷式中央空调各系统的认识

一、任务描述

本任务主要是针对美的中央空调 LSBLG255/M（Z）水冷螺杆式冷水机组，对各个循环系统进行识别，掌握各个系统的结构及功能，认识各个部件的位置及作用。本任务需要完成对制冷循环系统、冷却水循环系统、冷冻水循环系统、空气循环系统、冷凝水排水系统的认识。

二、任务学习目标

（1）学会读各个仪表的参数；

（2）掌握各个循环系统的功能及分布；

（3）能够把各个循环系统示意图画出来。

三、任务前期准备

（一）工具准备

笔记本、笔、尺子等。

（二）劳动保护用品准备

工作服、安全帽、工作手套。

（三）材料准备

（1）中央空调的装配图；

（2）中央空调的结构示意图。

（四）任务实施分工

<table>
<tr><td>组别</td><td>组长</td><td rowspan="2">组员</td><td rowspan="2" colspan="2"></td></tr>
<tr><td></td><td></td></tr>
<tr><td colspan="5">分工</td></tr>
<tr><td>测量</td><td>记录</td><td>操作</td><td>检查</td><td>拍照</td></tr>
<tr><td></td><td></td><td></td><td></td><td></td></tr>
</table>

（五）安全注意事项

（1）戴好手套，防止手部在观察过程中受伤；

（2）戴好安全帽，防止在走动时碰伤头部；

（3）穿好工作服，培养职业素养。

四、任务实施

（一）任务实施流程

步骤	工作内容	备注
一	观察实训的设备——美的中央空调 LSBLG255/M（Z）水冷螺杆式冷水机组的结构，根据前面学习的内容，把该水冷机组的示意图画出来。特别注意要标出各种传感器及阀门的名称、作用及位置	画的时候，把各个部件标注清楚
二	根据实训的设备——美的中央空调 LSBLG255/M（Z）水冷螺杆式冷水机组，把实训室里的冷却水循环系统示意图画出来，特别注意标注各个部件以及进、出冷凝器的冷却水的压力及温度	画的时候，把各个部件标注清楚
三	根据实训的设备——美的中央空调 LSBLG255/M（Z）水冷螺杆式冷水机组，把冷冻水循环系统示意图画出来，注意标注清楚各个部件的名称与作用。特别注意膨胀水箱的位置。把进、出蒸发器的冷冻水的温度与压力标出来	画的时候，把各个部件标注清楚
四	根据实训室的空气循环系统，把示意图画出来	特别注意实训室的新风补偿通道
五	观察冷凝水的排水系统，把排水系统示意图画出来	每个末端（风机盘管）都有一条冷凝水管

（二）任务实施的关键环节

序号	任务实施的关键环节描述	原因
一	在观察制冷循环系统、冷却水循环系统及冷冻水循环系统的压力时，需要把循环水泵打开，让水循环系统循环起来。若观察温度则需要开启压缩机	只有把压缩机打开实现制冷后，才能看出冷冻水循环系统的进出水温度发生了明显变化
二	因为冷冻水需要被输送到各个房间或者商场等，中途不能损失冷量，所以对于冷冻水管，从蒸发器端开始就包上保温棉，而冷却水循环系统中的冷冻水管却不用包。由此冷冻水循环系统与冷却水循环系统明显的区别：是否包有保温棉	若不包保温棉，则冷量会在输送环节损失

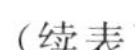

（续表）

序号	任务实施的关键环节描述	原因
三	冷凝水排水系统一般使用 PVC 塑料管，没有压力，不同于冷却水循环系统与冷冻水循环系统	

五、任务实施结果检查

组别	是否能够把各个循环的示意图画出来？	在绘制过程中存在什么问题？	对存在的问题应该采取什么改进措施？

六、任务实施原理解释

（一）制冷循环系统

制冷循环系统负责制冷。整个系统包括制冷四大部件，即压缩机、冷凝器、蒸发器、节流装置。另外，还有一些其他的附属器件。压缩机一般使用螺杆式压缩机，节流装置一般用电子膨胀阀。压缩机将制冷剂从蒸发器中抽走；制冷剂在蒸发器内由液态转变为气态，吸收热量产生冷量；制冷剂经过压缩后被送到冷凝器，在冷凝器中冷却放热，由气态转变成液态，放出热量。液态制冷剂经过节流降压后被送回蒸发器。如此往复循环。

（二）冷却水循环系统

冷却水循环系统主要有水泵、冷却塔、输送管道及各种阀门与过滤器。冷却水循环系统的主要作用是把制冷循环系统中冷凝器放出的热量通过水带到冷却塔中进行冷却。冷却水循环系统不断地把冷却水送到冷凝器，不断地把热量带出来。如此往复。在这个系统中，还有很多附属部件，配备附属部件主要是为了保证系统的正常运行，比如温度计、压力表等。另外，该系统还设置了许多阀门，主要是为了维护与保养方便。

（三）冷冻水循环系统

冷冻水循环系统主要有水泵、风机盘管、输送管道及各种阀门与过滤器等。冷冻水循环系统主要作用是把制冷循环系统产生的冷量带到各个需要冷却的空间中。冷冻水循环系统把温度较高的水送入蒸发器，将之冷却成为温度较低的水，再把这些水通过输送管道，送到各个风机盘管。该系统在风机盘管中将冷量输出。风机盘管把冷量带到室内，属于空气循环系统。经过风机盘管的冷冻水温度变高，再次被送到蒸发器中进行冷却，如此往复。

（四）空气循环系统

这个系统主要由风机盘管、风道、出风口、新风口等组成。其目的是把风机盘管产生的冷风输送到各个空间中。

（五）冷凝水排水系统

在风机盘管向室内送冷风时，该系统会产生冷凝水。这些冷凝水经过风机盘管底部的接水盘被送到排水管道，从而被排入下水道。

以上五个部分即构成水冷式中央空调系统。若中央空调要实现室内制热，即在冬天给室内升温，则需在冷冻水系统中加入热水系统。

一、物质的状态

物质有三种状态，即固态、液态、气态。在温度发生变化时，这三种状态会通过吸热与放热实现相互转化。物质转化如图 1-1 所示。

中央空调能够制冷就是利用了物质的气态与液态之间的转化过程。在这个过程中，物质会吸热也会放热。被选为制冷的物质就是制冷剂，也叫制冷工质。制冷剂在制冷系统中，实现气态与液态的转化。当从气态转化为液态时，制冷剂要对外放热，这个过程叫冷凝；当从液态转化为气态时，制冷剂要吸收外界的热量，这个过程叫蒸发。

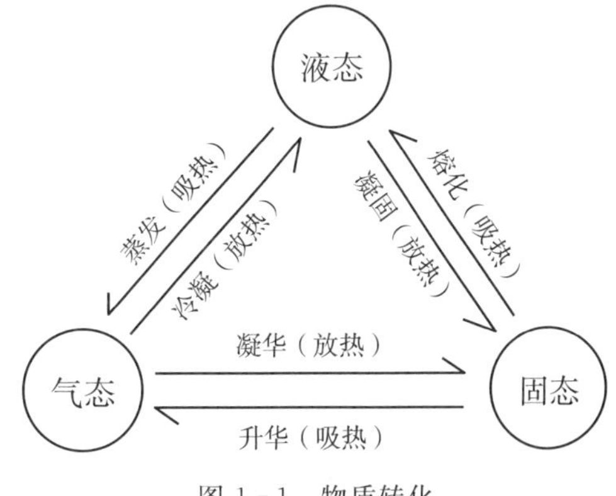

图 1-1　物质转化

二、制冷的实现

空调是日常生活中经常用到的电器，在夏天它让我们清爽舒适，在冬天它带给我们温暖。它是怎么工作的呢？

我们先来回忆一下生活中常见的一件事情——打针，打针时在皮肤上擦酒精用于消毒。在皮肤上擦上酒精后，我们会感觉到皮肤非常凉爽。这是什么原因呢？原来酒精蒸发吸收了皮肤上的热量，使我们皮肤上的热量减少了，因此我们就会感觉到凉爽。这实际上是利用了液体的蒸发吸热这个特点进行制冷的。

蒸发与冷凝如图 1-2 所示。

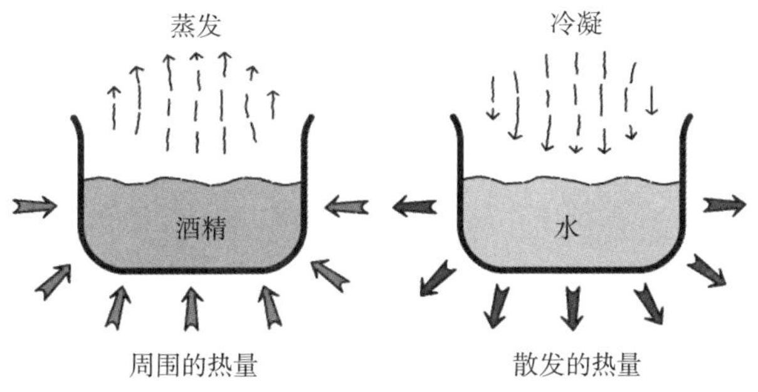

图 1-2　蒸发与冷凝

如果我们在一个金属锅里装上酒精，酒精就会吸收周围的热量而蒸发。这样金属锅周边的温度就会下降，从而达到制冷的目的。但这是一个不可逆的过程，酒精蒸发完了就没有了，无法继续。如何继续呢？

我们再来看一个生活中的例子。天气变成“回南天”时，家里所有冰冷东西的表面都会凝结一层水珠。这又是什么原因呢？原来，“回南天”时，气温开始回暖，空气湿度接近饱和，暖湿气流遇到冰冷物体后就会在物体表面上凝结成水珠，同时放出热量，这个过程叫冷凝。

通过以上生活中的例子我们知道，液体可以蒸发吸热，散热冷凝。如果我们把图 1-2 中的液体换成相同的液体，再把它们经过适当的处理连接起来，能不能形成一个可逆的制冷过程呢？答案是肯定的。

蒸发与冷凝循环如图 1-3 所示。把液体蒸发吸热与冷凝散热两种情况结合起来，左边不断在蒸发吸热，右边不断在冷凝放热。整个循环通路是封闭的。

在图 1-3 中，左边的容器称为蒸发器，右边的容器称为冷凝器。在整个循环中，压缩机起到循环动力的作用，节流阀起到调节流量的作用，在封闭容器中的液体称为制冷剂。

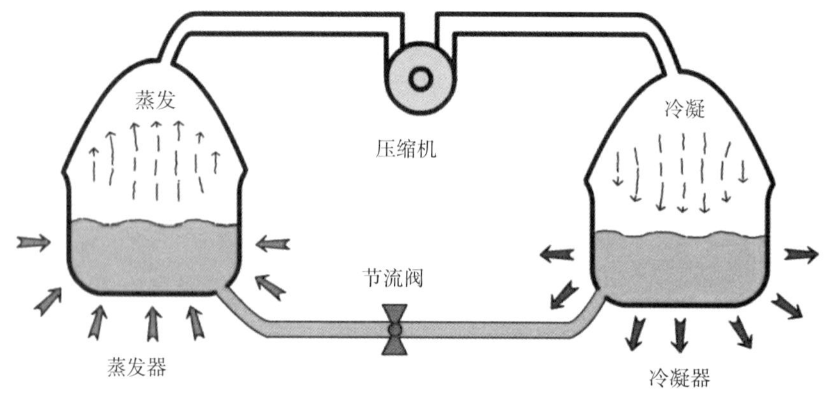

图 1-3　蒸发与冷凝循环

工作原理：当压缩机运转时，它会不断地从蒸发器中把制冷剂抽走，这样蒸发器中的气体压力会变小，这加快了制冷剂的蒸发，使制冷剂中的液体变成气体。压缩机把气体制冷剂压缩到冷凝器中，使冷凝器压力大增，通过向外散热，制冷剂就会冷却下来成为液体。这些液体再经过节流阀节流降压进入蒸发器中。这样整个循环就完成了。

在这里要提到一个知识点：气体的压力与温度有一一对应的关系，有什么样的压力就有什么样的温度，温度越高压力越大，把温度降低压力就会降下来；另外，液体的沸点与冷凝温度都与压力有关，压力越低沸点越低，冷凝温度也越低。根据这个知识点，我们可以知道，在蒸发器中，要使液体在相对低温下蒸发吸热，必须使液体表面的压力降低，要达到这样的目的，压缩机就要不断地从蒸发器中把制冷剂抽走。

在冷凝器内，为了使气体在相对高的温度下冷凝成为液体，需要提高冷凝器内的压力并不断地向外界散热才能使气体冷凝成为液体。

节流阀起到了隔离高压冷凝器与低压蒸发器的作用。如果没有隔离，两边压力就会一样，就无法实现蒸发与冷凝。

实际的蒸发器与冷凝器并不是像锅一样的容器，它们实际上被做成了蛇形弯管。这样增加了热量吸收与散发的面积，效率会更高。制冷原理示意图如图 1－4 所示。

图 1－4 只是制冷原理示意图，实际的制冷热力系统更加复杂。

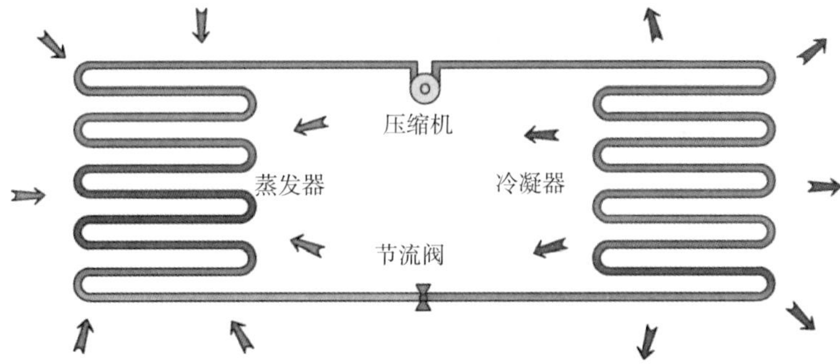

图 1－4　制冷原理示意图

任务二：水冷式中央空调的启动、运行与停机的维护保养

一、任务描述

本任务主要是水冷式中央空调的启动、运行与停机的维护保养。该水冷式中央空调的型号：美的中央空调 LSBLG255/M（Z）水冷螺杆式冷水机组。

二、任务学习目标

(1) 熟悉中央空调系统或设备的操作规程；

(2) 掌握螺杆式中央空调的启动、运行与停机的维护保养方法。

三、任务前期准备

(一) 工具准备

检测所需的工具：如绝缘手套、万用表、兆欧表等。

(二) 劳动保护用品准备

工作服、安全帽、工作手套。

(三) 材料准备

(1) 中央空调的装配图；

(2) 中央空调的结构示意图。

(四) 任务实施分工

<table>
<tr><td>组别</td><td>组长</td><td rowspan="2">组员</td><td colspan="2" rowspan="2"></td></tr>
<tr><td></td><td></td></tr>
<tr><td colspan="5">分工</td></tr>
<tr><td>测量</td><td>记录</td><td>操作</td><td>检查</td><td>拍照</td></tr>
<tr><td></td><td></td><td></td><td></td><td></td></tr>
</table>

(五) 安全注意事项

(1) 戴好手套，防止手部在检测过程中受伤；

（2）戴好安全帽，防止在走动时碰伤头部；

（3）穿好工作服，培养职业素养。

四、任务实施

（一）任务实施流程

步骤	工作内容		正常参数	备注
开机前的检查与准备工作	1	配电柜：三相电的电压为________V。 压缩机电源电压为________V 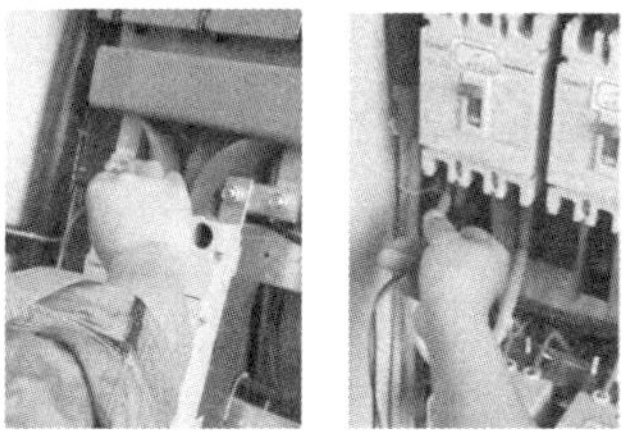 测量三相电压	电源电压为 380 V	
	2	检查配电柜上各控制开关及元件是否有不正常现象。检查楼层风机、冷却水泵、冷冻水泵等各个线路是否有电 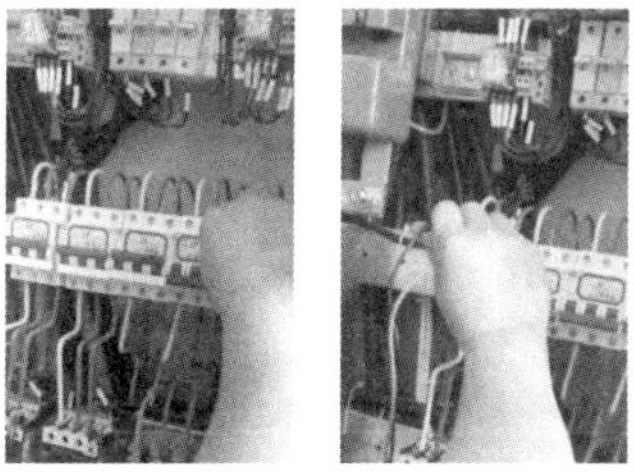 检查配电柜元件	若有松动或线头接触不良，则要及时处理	
	3	检查控制柜输入电压：________V 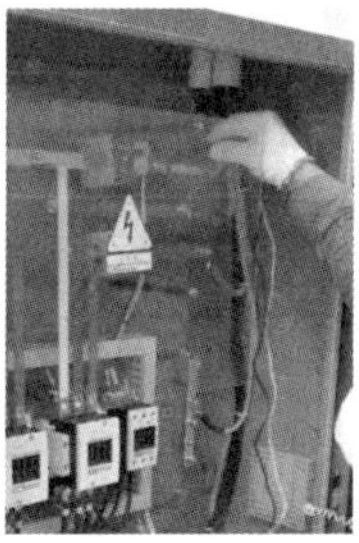 测量控制柜输入电压	正常电压为 380 V	

（续表）

步骤	工作内容		正常参数	备注
开机前的检查与准备工作	4	检查冷冻水和冷却水阀门是否打开。检查阀门状态如下图所示  		
	5	压缩机冷冻机油油位为________，检查油位是否保持在视油镜________位置上。  压缩机冷冻机油温度为________，是否满足启动条件________ 1#状态 ① 温度压力显示 ② 润滑油温度已满足启动条件	正常情况下，油位保持在视油镜1/2～2/3的正常位置上。压缩机冷冻机油要有足够的加热时间（一般为2～8 h）。机组内设加热时间为4 h，请开机前提前通电，确保加热4 h以上，否则无法启动机组	
	6	检查冷冻水循环系统及冷却水循环系统是否充满足够的水量，并注意补水阀、水泵是否打开  		
	7	检查主机压力表是否正常 1#高压压力 8.9 bar 1#低压压力 8.8 bar 1#排气饱和温度 23.1 ℃ 1#启动次数 167	正常情况下，室温为25～28 ℃时，压力表上的压力为7～10 kgf/cm^2	

（续表）

步骤	工作内容		正常参数	备注
开机前的检查与准备工作	8	机组的高低压压力传感器的高压压力值：_____。 机组的高低压压力传感器的低压压力值：______	将压差继电器的调定值调到 0.1 MPa（表压），当油压与高压压差低于该值时机组自动停机，或机组的油过滤器前后压差大于该值时机组自动停机	静态压力
	9	检查机组中的吸气阀、制冷剂注入阀、放空阀及所有的旁通阀是否处于关闭状态：________	正常情况下，这几个阀处于关闭状态，但是机组中的其他阀门应处于开启状态	
	10	检查冷凝器、蒸发器、油冷却器的冷却水和冷冻水路上的排污阀、排气阀是否处于关闭状态：________	正常情况下，这几个阀处于关闭状态，但水系统中的其他阀门均应处于开启状态	
	11	检查冷却水泵、冷冻水泵及其出口调节阀、单向阀是否能正常工作：________		
机组及其水系统的启动	1	向机组电气控制装置供电，并打开电源开关，检查电源指示灯是否点亮：________		
	2	启动冷却水泵、冷却塔风机和冷媒水泵，检查运行指示灯是否点亮：________		
	3	启动压缩机		
	4	冷却水温：________℃	若冷却水温较低，可暂时将冷却塔的风机关闭	
螺杆式冷水机组正常运行的检查	1	压缩机排气压力为________ MPa（表压）	压缩机排气压力为 1.1～1.5 MPa（表压）	
	2	压缩机排气温度为________℃	压缩机排气温度为 45～90 ℃，不得超过 105 ℃	
	3	压缩机吸气压力为________ MPa（表压）	压缩机吸气压力为 0.4～0.5 MPa（表压）	

（续表）

步骤		工作内容	正常参数	备注
螺杆式冷水机组正常运行的检查	4	压缩机的油压为________ MPa（表压）	压缩机的油压比排气压力高 0.2～3 MPa（表压）	
	5	压缩机的油温为________℃	压缩机的油温为 40～60 ℃	
	6	压缩机润滑油的油位在视油镜高度的________	压缩机润滑油的油位不得低于视油镜高度的 1/3	
	7	压缩机的运行电流：________ A	压缩机的运行电流在额定值范围内	
	8	压缩机运行时有无敲击声和异常的声音：_____	压缩机运行声音平稳、均匀，不应有敲击声和异常的声音	
	9	压缩机的冷凝温度比冷却水温度高________℃，冷凝温度为_____℃，冷却水进水温度为_____℃	压缩机的冷凝温度应比冷却水温度高 3～5 ℃，冷凝温度控制在 40 ℃左右，冷却水进水温度在 32 ℃以下	
	10	压缩机组的蒸发温度为________℃，冷冻水出水温度一般为________℃	压缩机组的蒸发温度应比冷水的出水温度低 2～3 ℃，冷冻水出水温度一般为 5～7 ℃	
机组及其水系统的停机	1	依启动程序反顺序进行。运行状态上面主画面的“启动”键会变为“关机”，点击“关机”并确定即可，机组自动卸载停机 选择模式：制冷 开机◀　关机▶	关压缩机—关冷冻水泵—关冷却水泵—关冷却塔风扇电机。特别提示：压缩机停机后，至少 5 min 后才能关闭冷冻水循环水泵，再依次关闭冷却水泵、冷却塔风扇	
	2	关闭总电源		

（二）任务实施的关键环节

序号	任务实施的关键环节描述	原因
一	在常规检查之前要提前 4 h 给主机供电	保证压缩机的冷冻油能够被加热到正常值，有利于主机启动
二	压缩机运行后，注意检查润滑油温度	压缩机运行后，当润滑油温度达到 45 ℃时断开电加热器的电源，在压缩机运行过程中将油温控制在 40～55 ℃

（续表）

序号	任务实施的关键环节描述	原因
三	压缩机运行后，注意检查压缩机的冷凝温度与冷却水温度	压缩机的冷凝温度应比冷却水温度高 3～5 ℃，冷凝温度一般控制在 40 ℃左右，冷却水进水温度在 32 ℃以下

五、任务实施结果检查

组别	是否按照标准进行操作？	在操作过程中存在什么问题？	对存在的问题应该采取什么改进措施？

根据检测及观察到的数据，判断本次维护保养结果：

序号	存在异常的数据	可能原因	采取的措施

六、任务实施原理解释

将机组的高低压压力继电器的高压压力值调整到高于机组正常运行的高压压力值，将低压压力值调整到低于机组正常运行的低压压力值；将压差继电器的调定值调到 0.1 MPa（表压），当油压与高压压差低于该值时机组能自动停机，或当机组的油过滤器前后压差大于该值时机组能自动停机。

一、中央空调系统或设备的操作规程

操作规程是指系统或设备在从静止状态进入运行状态，或从运行状态恢复到静止状态的过程中应遵守的规定和操作顺序。这些规定和操作顺序对于由众多设备和管道组成的中央空调系统和某些设备（如冷水机组、锅炉）来说尤其重要，稍有不慎就会对中央空调系统或设备造成伤害，甚至造成灾难性事故。为了使中央空调系统或设备的开停过程安全、正常地进行，我们应掌握中央空调系统或设备的操作规程。

（一）制冷机房值班人员操作规程

（1）值班人员必须熟练掌握机房内各种空调设备的原理和性能，并能进行熟练的操作和一般的维护保养工作。同时，值班人员还要有一定的电工基础知识和常规安全知识。

（2）根据季节对空调管网系统进行适当处置

冬季：值班人员将空调热媒水系统各个阀门（包括外接热力管网）打开并注满水。另外，夏季用的制冷机、冷却塔、电子水处理器、冷却水泵的电源应全部切断，管网内的水要全部排净（主要是指冷却水管网及其补水管），以防室外管道被冻坏。

夏季：值班人员关闭热媒水系统（包括外接热力管网）后，将之切换到冷却水管网系统，并接通夏季空调用电设备的电源，同时将冷冻水、冷却水管网系统注满水，做好开机准备。另外，膨胀水箱（即定压罐）补水系统，冬季、夏季均需运行，一般将水泵电源控制设定在自动挡位上即可。

（3）制冷机的开启和运行应严格按照设备生产厂家的要求进行。另外，值班人员在机组开启前应仔细检查各水系统的压力表读数是否达到管网系统饱和要求（一般静压为0.3～0.4 MPa），水泵叶轮旋转是否自如（用手盘动即可），电源电压是否符合设备要求（一般为380～400 V）。

（4）每年季节交替停止使用空调时，值班人员应对机房内的各运行设备进行检查和保养。管网内的水若较脏，应排净后再补进洁净的水。

（5）值班人员做好机房运行记录，尤其是夏季制冷机运行时，一般要求每间隔2 h做一次检查记录。

（6）值班人员做好机房内的安全保护工作：保持通风良好、地面清洁，及时清除设备上的灰尘，非机房人员无事不得随意进入。另外，值班人员还应认真做好交接班的工作，及时发现问题并及时处理。

（二）夏季制冷循环操作规程

1. 冷水机组的开机、停机顺序

工作人员要保证空调主机启动后正常运行，必须保证冷凝器散热良好，否则会因冷凝温度及对应的冷凝压力过高，冷水机组高压保护器件动作而停车，甚至导致故障。蒸发器中冷水应循环流动，否则会因冷水温度偏低，冷水温度保护器件动作而停车，或因蒸发温度及对应的蒸发压力过低，冷水机组的低压保护器件动作而停车，甚至导致蒸发器中冷水结冰而损坏设备。因此，冷水机组的开机顺序（必须严格遵守）：冷却塔风机开⟶冷却水泵开⟶冷水泵开⟶冷水机组开。冷水机组的停机顺序（必须严格遵守）：冷水机组停⟶冷却塔风机停⟶冷却水泵停⟶冷水泵停。注意：停机时，冷水机组应在下班前0.5 h关停，冷水泵在下班后再关停，这有利于节省能源，同时避免故障停机，以保护机组。运行制冷循环前，工作人员应确认制热循环管道阀门已全部关闭。

2. 冷水机组的操作

（1）开机前的准备工作如下：

① 确认机组和控制器的电源已接通；

② 确认冷却塔风机、冷却水泵、冷水泵均已开启；

③ 确认末端风机盘管机组均已通电开启。

（2）启动工作如下：

① 按下键盘上的状态键，然后将键盘下面的机组开/关（ON/OFF）切换到接通（ON）

的位置；

② 机组将进行一次自检，几秒钟后，一台压缩机启动，待负荷增加后另一台压缩机启动；

③ 一旦机组启动，所有的操作均自动完成。机组根据冷负荷（送水、回水时冷冻水的温度）的变化自动启停。

(3) 机组正常运行时，控制器将监控油压、电动机电流和系统的其他参数。一旦出现问题，控制系统将自动采取相应的措施，保护机组，并将故障信息显示在机组屏幕上（详情请参阅附录内容）。

在 24 h 的运行周期内，应有专人按照固定的时间间隔永久性记录机组运行工况。

(4) 只要将键盘下面的机组“ON/OFF”拨动开关切换到断开的位置，就可以使机组停机。

为了防止机组被破坏，即使在机组停机时，也不要切断机组的电源。

3. 风机、水泵的操作

(1) 冷却塔风机、冷却水泵、冷水泵均为独立控制，开机前应确认电源正常，无反相，无缺相。

(2) 水泵开启前应确认管路中的阀门均已打开。

(3) 风机、水泵必须按顺序启停（手动操作各空气开关）。

(三) 冬季制热循环操作规程

(1) 确认冷水机组管道阀门均已关闭，冷却塔风机和冷却水泵已断电，阀门均已关闭。

(2) 确认城市热网进回水管道总阀门已打开。

(3) 确认末端供热系统管道阀门已打开。

(4) 检查热水循环泵电源是否正常，检查阀门是否打开，开启热水循环泵。

(5) 打开板式换热器两侧进回水管道阀门。

(6) 停止供暖时，断开热水循环泵电源，关闭热网进回水管道总阀门即可。

(四) 组合式空调机组操作规程

(1) 开机前检查配电箱电源是否正常，变频器设定是否正常；检查冷水、热水管道是否畅通，管道和阀门有无泄漏；检查全部风量调节阀状态是否正确；检查风机传动带是否完好无损。

(2) 按下空调主风机启动按钮，指示灯亮，机组开始运行，将风机频率调整到所需要的频率，最大为 50 Hz。

(3) 根据环境、季节的变化，通过调节新风口风阀开启的大小，来调节受控区域的温度和湿度。夏季增加新风量使室内温度和湿度升高，冬季增加新风量使室内温度和湿度降低。冬季室外温度低至 0 ℃以下或过低时，根据室内所需要的温度和湿度来调节新风口风量调节阀的开启大小。

(4) 操作人员每 2 h 记录一次组合式空调机组相关数据，并注意观察电流、电压是否正常；在机组运行过程中注意电动机和轴承的异常声音并避免过热。

(5) 电动二通阀根据室内设定温度自动开启并调节其开启的大小，室内设定温度在夏季一般为 24～28 ℃，在冬季为 18～22 ℃。具体以实际需要温度为准。

(五) 新风机组操作规程

(1) 开机前，操作人员检查配电箱电源是否正常，检查冷水、热水管道是否畅通，管道和阀门有无泄漏；检查全部风阀状态是否正确，是否完好无损。

(2) 按下空调主风机启动按钮，指示灯亮，机组开始运行。

(3) 操作人员根据环境、季节的变化来设定电动二通阀开启的大小，以达到节能要求。

(4) 冬季风机盘管应常开，保证电动二通阀开启，防止风机盘管被冻裂。

(5) 操作人员根据室内温度来开启风机盘管，根据需要来调节风机盘管风速。

(六) 风机盘管操作规程

(1) 开机前，操作人员检查配电箱电源是否正常，检查冷水、热水管道是否畅通，管道和阀门有无泄漏。

(2) 按下风机盘管启动按钮，机组开始运行。

(3) 操作人员根据环境、季节的变化调节新风口风量调节阀开启的大小，以此来调节受控区域的温度和湿度。夏季增加新风量使室内温度和湿度升高，冬季增加新风量使室内温度和湿度降低。冬季室外温度低于 0 ℃或过低时，根据室内所需要的温度和湿度来调节新风风量调节阀的开启大小。

(4) 操作人员每 2 h 记录一次新风机组相关数据，并注意观察电流、电压是否正常；在机组运行中注意电动机和轴承的异常声音并避免过热。

(七) 维护保养规程

(1) 检查人员进入风机段，要有人监护；只有当人员离开风机段，阀门关闭后，方可启动风机。

(2) 检查人员每月检查风机和电动机轴承，并加润滑油；每月清扫接水盘。

(3) 检查人员定期检查风机与电动机传动带是否在一条直线上，风机动平衡是否良好。

(4) 检查人员检查组合式空调机组过滤器的终阻力值，初效过滤器终阻力达到 30 Pa 时应进行清洗或更换，中效过滤器终阻力达到 50 Pa 时进行清洗或更换。

(5) 检查人员每年用压缩空气清洁换热器片上的积灰：对于换热器水管内部，可用较高速度的水流或压缩空气进行吹刷，压力不超过 0.3 MPa。

(6) 每运行 2～3 年检查人员要用化学方法清洗换热器水管内部，以去除水垢，并定期清除冷凝水封杂质；要经常检查电气线路，检查各种保护装置和接地是否正常。

(7) 冬季要有防冻措施，如冬季停用设备要将冷冻水排尽。

(8) 组合式空调混合段过滤器每年清洗两次。每两年需更换初效过滤器，或终阻力大于 30 Pa 时，检查人员应清洗或更换初效过滤器。

(9) 初效过滤袋的清洗、更换、检测均应做详细记录。

二、运行记录

为了使运行工作及制度得到落实，便于督促、检查，也为了原始资料的积累，便于以后

总结参考，中央空调系统的各个设备都应有必要的运行记录。运行记录是在中央空调系统投入运行后形成并不断积累起来的，它概括了设备运行状态下的基本技术参数，这些记录是发现设备隐患、分析故障原因和部位、排除故障及制订设备维护保养计划的重要依据。通过了解这些记录，操作人员可以全面掌握系统和设备的运行情况、使用情况，一方面可以避免因情况不明、盲目使用而发生的问题；另一方面还可以从这些记录中找出一些规律，经过总结、提炼后用于实际工作中，使人员操作水平不断提高。

螺杆式冷水机组运行记录表见表 2－1 所列。

表 2－1　螺杆式冷水机组运行记录表

机组编号：

开机时间：　　　　　停机时间：　　　　　日期：　　年　　月　　日

<table>
<tr><th rowspan="3">记录时间</th><th colspan="6">蒸发器</th><th colspan="6">冷凝器</th><th colspan="3">压缩机</th><th colspan="6">压缩机电动机</th><th rowspan="3">记录人</th></tr>
<tr><th colspan="2">制冷剂</th><th colspan="2">水温/℃</th><th colspan="2">水压/MPa</th><th colspan="2">制冷剂</th><th colspan="2">水温/℃</th><th colspan="2">水压/MPa</th><th colspan="3">润滑油</th><th colspan="3">电流/A</th><th colspan="3">电压/V</th></tr>
<tr><th>压力/MPa</th><th>温度/℃</th><th>进水水温</th><th>出水水温</th><th>进水压力</th><th>出水压力</th><th>压力/MPa</th><th>温度/℃</th><th>进水水温</th><th>出水水温</th><th>进水压力</th><th>出水压力</th><th>油位</th><th>油温</th><th>油压</th><th>A相</th><th>B相</th><th>C相</th><th>A相</th><th>B相</th><th>C相</th></tr>
<tr><td></td><td></td><td></td><td></td><td></td><td></td><td></td><td></td><td></td><td></td><td></td><td></td><td></td><td></td><td></td><td></td><td></td><td></td><td></td><td></td><td></td><td></td><td></td></tr>
<tr><td></td><td></td><td></td><td></td><td></td><td></td><td></td><td></td><td></td><td></td><td></td><td></td><td></td><td></td><td></td><td></td><td></td><td></td><td></td><td></td><td></td><td></td><td></td></tr>
<tr><td></td><td></td><td></td><td></td><td></td><td></td><td></td><td></td><td></td><td></td><td></td><td></td><td></td><td></td><td></td><td></td><td></td><td></td><td></td><td></td><td></td><td></td><td></td></tr>
<tr><td></td><td></td><td></td><td></td><td></td><td></td><td></td><td></td><td></td><td></td><td></td><td></td><td></td><td></td><td></td><td></td><td></td><td></td><td></td><td></td><td></td><td></td><td></td></tr>
<tr><td></td><td></td><td></td><td></td><td></td><td></td><td></td><td></td><td></td><td></td><td></td><td></td><td></td><td></td><td></td><td></td><td></td><td></td><td></td><td></td><td></td><td></td><td></td></tr>
</table>

三、中央空调系统运行管理中异常情况的处理

（1）中央空调发生制冷剂泄漏时，值班人员应立即关停中央空调主机，并关闭相关的阀门，打开机房的门窗或通风设施加强现场通风，立即告知值班主管，请求支援，救护人员进入现场应身穿防毒衣，头戴防毒面具。对不同程度的中毒者，我们采取不同的处理方法：对于中毒较轻者，如出现头痛、呕吐、脉搏加快，应立即转移到通风良好的地方；对于中毒严重者，应进行人工呼吸或送医院；若氟利昂溅入眼睛，应用质量分数为 2% 的硼酸加消毒食盐水反复清洗眼睛。寻找泄漏部位，排除泄漏源，启动中央空调试运行，确认不再泄漏后机组方可运行。

（2）中央空调机房内发生水浸时，值班人员应按程序首先关掉中央空调机组，拉下总电源开关，然后查找漏水源并堵住漏水源。如果漏水比较严重，值班人员在尽力阻止漏水时，应立即通知工程部主管和管理组，请求支援。漏水源堵住后应立即排水。当水排除完毕后，值班人员应对所有湿水设备进行除湿处理，可以采用干布擦拭、热风吹干、自然通风或更换相关的管线等办法。确定湿水已消除、绝缘电阻符合要求后，开机试运行。没有异常情况，中央空调可以投入正常运行。

（3）发生火灾时，值班人员应同水泵房的处理一样，按《火警、火灾应急处理标准作业规程》操作。

四、美的中央空调LSBLG255/M（Z）水冷螺杆式冷水机组开关机操作流程

（一）开机准备（注意事项）

（1）检查冷却塔顶部是否有杂物，开机前应保证无杂物，方可启动冷却塔按钮。

（2）冷却水系统的阀门打开时，方可启动冷却水泵，备用冷却水泵的阀门可以关闭。

（3）冷冻水系统的阀门打开时，方可启动冷冻水泵，备用冷冻水泵的阀门可以关闭。

（4）空调控制柜电源通电正常，指示灯正常。

（5）开机前主机通电预热至少2 h，按机组显示开机。

（二）启动程序

冷却水泵⟶冷却塔⟶冷冻水泵⟶主机。

开机前保证风机盘管有数台开启。

（三）关机程序

主机（关机卸载完毕约需3 min）⟶冷却塔⟶冷却水泵⟶冷冻水泵。

注：若长时间不用空调，请断电。再启动时，注意预热后再开机。冷冻水系统及冷却水系统要保证水量足够。

五、螺杆式冷水机组的运行管理

螺杆式冷水机组主要由螺杆压缩机、冷凝器、蒸发器、膨胀阀及电控系统组成。与活塞式压缩机相比，其运动部件少，结构简单、紧凑，质量小，可靠性高，正常工作周期长，采用滑阀装置可实现无级调节，适用于冰蓄冷系统。螺杆式冷水机组的运行管理，也同样包括开机前的检查与准备工作，机组及其水系统的启动、运行与停机，停机时的维护保养，常见问题和故障的早期发现与处理等工作内容。

（一）开机前的检查与准备工作

（1）将机组的高压、低压压力继电器的高压压力值调整到高于机组正常运行的高压压力值，将低压压力值调整到低于机组正常运行的低压压力值，将压差继电器的调定值调到0.1 MPa（表压），当油压与高压压差低于该值时其能自动停机，或当机组的油过滤器前后压差大于该值时其能自动停机。

（2）检查机组中各有关开关装置是否处于正常位置。

（3）检查油位是否保持在视油镜1/3～1/2的正常位置上。

（4）检查机组中的吸气阀、制冷剂注入阀、放空阀及所有的旁通阀是否处于关闭状态，但是机组中的其他阀门应处于开启状态。

（5）检查冷凝器、蒸发器、油冷却器中的冷却水，检查冷冻水路上的排污阀、排气阀是否处于关闭状态，而水系统中的其他阀门均应处于开启状态。

（6）检查冷却水泵、冷媒水泵及其出口调节阀、单向阀是否正常工作。

（7）检查机组供电电源的电压是否符合要求。

（二）机组及其水系统的启动

（1）检查系统中所有阀门所处的状态是否符合要求。

（2）向机组电气控制装置供电，并打开电源开关，使电源指示灯点亮。

（3）启动冷却水泵、冷却塔风机和冷媒水泵，应能看到三者的运行指示灯点亮。

（4）检测润滑油温度是否达到 30 ℃，若不到 30 ℃，打开电加热器进行加热。同时，可启动油泵，使润滑油循环温度均匀升高。

（5）油泵启动并运行以后，将能量调节控制阀置于减载位置，并确定润滑处于零位。

（6）调节油压调节阀，使油压为 0.5～0.6 MPa。

（7）闭合压缩机，打开控制电源开关，打开压缩机吸气阀，经延时后压缩机启动运行。在压缩机运行以后调整润滑油压力，使其高出排气压力 0.15～0.3 MPa。

（8）闭合供液管路中的电磁阀控制电路，启动电磁阀，向蒸发器内供应液态制冷剂，将能量调节装置置于加载位置，并随着时间的推移，逐级增载，同时观察吸气压力，通过调节膨胀阀，使吸气压力稳定在 0.36～0.56 MPa（表压）。

（9）压缩机运行后，当润滑油温度达到 45 ℃时断开电加热器的电源，同时打开油冷却器冷却水的进口阀、出口阀，使压缩机运行过程中油温控制在 40～55 ℃。

（10）若冷却水温较低，可暂时将冷却塔的风机关闭。

（11）将喷油阀开启 1/2～1 圈，同时使吸气阀和机组的出液阀处于全开位置。

（12）将能量调节装置调节至满负荷运行状态，同时调节膨胀阀使吸气过热度保持在 6 ℃以上。

（三）机组及其水系统的运行

1. 运行调节

机组启动完毕并正常运行后，工作人员应注意对下述内容进行检查和管理，确保机组安全运行。若发现有不正常情况，工作人员应立即停机，查明原因，排除故障后，再重新启动机组。

（1）检查冷媒水泵、冷却水泵、冷却塔风机运行时的声音、振动情况，检查水泵的出口压力、水温等各项指标是否在正常工作参数范围内。

（2）检查润滑油的温度是否在 60 ℃以下，油压是否高出排气压力 0.15～0.3 MPa，油位是否正常。

（3）压缩机处于满负荷运行时，检查吸气压力值是否在规定范围内（0.36～0.56 MPa）。

（4）检查压缩机的排气压力是否在 1.55 MPa 以下，检查排气温度是否在 100 ℃以下。

（5）压缩机运行过程中，检查电动机的运行电流是否在规定范围内。若电流过大，工作人员应该将电动机调节至减载运行状态，防止电动机由于运行电流过大而被烧毁。

（6）检查压缩机运行时的声音、振动情况是否正常。

2. 运行中的记录

记录表格形式见螺杆式冷水机组运行记录表。

3. 螺杆式冷水机组正常运行的标志

（1）压缩机排气压力为 1.1～1.5 MPa（表压）。

(2) 压缩机排气温度为 45～90 ℃，最高不得超过 105 ℃。

(3) 压缩机吸气压力为 0.4～0.5 MPa（表压）。

(4) 压缩机的油压比排气压力高 0.2～3 MPa（表压）。

(5) 压缩机的油温为 40～60 ℃。

(6) 压缩机润滑油的油位不得低于视油镜高度的 1/3。

(7) 压缩机的运行电流在额定值范围内，避免电动机被烧毁。

(8) 压缩机运行声音平稳、均匀，不应有敲击声和异常的声音。

(9) 压缩机的冷凝温度应比冷却水温度高 3～5 ℃，冷凝温度一般控制在 40 ℃左右，冷却水进口温度在 32 ℃以下。

(10) 压缩机组的蒸发温度应比冷水的出水温度低 2～3 ℃，冷冻水出水温度一般为 5～7 ℃。

在正常运行中，主机任何部位都不应有油迹，否则意味着泄漏，需立即检漏修补。

(四) 机组及其水系统的停机

1. 正常停机

(1) 转动能量调节阀，使滑阀回到零位。

(2) 关闭冷凝器与蒸发器之间供液管路上的电磁阀、出液阀。

(3) 停止压缩机运行，同时关闭吸气阀。

(4) 待滑阀退移到零位时关闭油泵。

(5) 将能量调节装置置于“停止”位置。

(6) 关闭油冷却器的冷却水进水阀。

(7) 停止冷却水泵、冷却塔风机的运行。

(8) 停止冷冻水泵的运行。

(9) 关闭总电源。

2. 长期停机

由于用作中央空调冷源的螺杆式制冷压缩机多为季节性运行，因此机组的停机时间较长。为保证机组的安全，在季节性停机时，可按以下方法进行停机操作。

(1) 在机组正常运行时，关闭机组的出液阀，使机组进行减载运行，将机组中的制冷剂全部抽至冷凝器中。为使机组不会因吸气压力过低而停机，可将低压压力继电器的调定值调为 0.15 MPa。当吸气压力降至 0.15 MPa 左右时，压缩机停机。当压缩机停机后，可将低压压力值再调回。

(2) 将停止运行后的油冷却器、冷凝器、蒸发器中的水除掉，并放干净残存水，以防冬季时其内部的传热管被冻坏。

(3) 关闭好机组中的有关阀门，检查是否有泄漏现象。

(4) 每星期应启动润滑油泵并运行 10～20 min，以使润滑油能长期均匀地分布到压缩机内的各个工作面上，防止机组因长期停机而出现机件表面缺油现象，造成重新开机困难。

3. 故障停机

(1) 停止压缩机的运转，关闭压缩机的吸气阀，调查事故原因。

(2) 停止油泵的工作，关闭油冷却器的冷却水进口阀。

(3) 关闭冷冻水系统和冷却水系统。

(4) 切断总电源，排除故障。

4. 紧急停机

(1) 停止压缩机的运行。

(2) 关闭压缩机吸气阀。

(3) 关闭机组供液管上的电磁阀及冷凝器的出液阀，停止向蒸发器供液。

(4) 停止油泵的工作。

(5) 关闭油冷却器的冷却水进水阀。

(6) 停止冷媒水泵、冷却水泵和冷却塔风机。

(7) 切断总电源。

任务三：主机系统的常规检查

一、任务描述

本任务主要是针对水冷式中央空调的主机系统进行常规检查。该水冷式中央空调的型号：美的中央空调 LSBLG255/M（Z）水冷螺杆式冷水机组。对主机系统进行常规检查时主要检查压缩机冷冻油压、油量，主机系统泄漏情况，异常噪声情况，冷水机出入水的温度及压力，主机运行时的排气温度、吸气温度等。

二、任务学习目标

（1）学会对主机系统进行常规检查的方法；

（2）掌握主机系统检漏的方法及检查各种参数的方法；

（3）掌握不同的检测项目所采取的不同的安全措施。

三、任务前期准备

（一）工具准备

（1）检漏时用到肥皂水、卤素检测仪；

（2）检测压缩机温度时用到红外温度计。

（二）劳动保护用品准备

工作服、安全帽、工作手套。

（三）材料准备

1. 学习资料准备

（1）中央空调的装配图；

（2）中央空调的结构示意图；

2. 耗材与配件准备

电工胶布、肥皂水等。

（四）任务实施分工

<table>
<tr><td>组别</td><td>组长</td><td rowspan="2">组员</td><td rowspan="2"></td></tr>
<tr><td></td><td></td></tr>
</table>

分工				
测量	记录	操作	检查	拍照

（五）安全注意事项

（1）戴好手套，防止手部在检测过程中受伤；

（2）戴好安全帽，防止在走动时碰伤头部；

（3）穿好工作服，培养职业素养。

四、任务实施

（一）任务实施流程

步骤	工作内容	正常参数	备注
一	检查压缩机的冷冻油量是否达到要求。实际油量是________。观察冷冻油压及油压差分别是________和________。 观察，油温为________。 注：冷冻油的观油窗口在压缩机底部（见下图）。 油温需要在主机控制柜屏幕上观察，主机控制柜屏幕参数如下图： 1#高压压力 11.7 bar 1#低压压力 6.6 bar 1#排气饱和温度 32.5 ℃ 1#启动次数 163 ESC 1#润滑油温度 49.5 ℃ ESC	在观油窗口中观察红色小球的位置，正常情况下油量是1/2～3/4。冷冻油压比排气压力小几十千帕，油压差比吸气压力高200～600 kPa，油温一般不超过60 ℃	排气压力与吸气压力需要从主机控制柜屏幕上获得。油温通过主机控制柜屏幕可以观察到

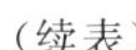
（续表）

步骤	工作内容	正常参数	备注
二	用肉眼观察压缩机、冷凝器、蒸发器及干燥过滤器等部件连接处是否有油污。若有油污则将肥皂水涂抹在油污处，观察是否有气泡产生。若有气泡产生，则该处有泄漏，应停机进一步处理。或用卤素检漏仪在泄漏点检测，进一步确认泄漏点。 是否发现泄漏：________。 泄漏点：________。 卤素检漏仪如下图所示： 当卤素检漏仪的探头接触到泄漏点时，声音会变得非常急促	正常情况下，连接处不会泄漏，主机的各个部分干净无油污。若有泄漏，冷冻油会随制冷剂流出，因此泄漏点有油污	
三	检查有无不正常的振动和噪声。当压缩机启动后，认真听压缩机、蒸发器、冷凝器、干燥过滤器等部件发出的噪声。 有无敲击声：________________。 有无特别尖锐的声音：________________。 有无其他明显的噪声：________	正常情况下，压缩机工作后，会有比较大的噪声，但声音平稳	
四	压缩机正常工作 1 h 后，检查压缩机的外壳温度，温度值：________		使用红外温度计测量时，测得的温度只起参考作用
五	检查冷凝器及蒸发器的温度是否正常。 通过主机控制柜的显示面板观察冷凝器与蒸发器的温度。 冷凝器温度：________。 蒸发器温度：________。 冷凝器压力：________。 蒸发器压力：________	正常情况下，我们可以通过主机控制面板看到冷却水进出温度及冷冻水进出温度；也可以看到高压压力与低压压力，使用 R22（制冷剂）的系统，高压压力为 0.9～1.4 MPa，低压压力为 0.45～0.52 MPa	

（续表）

步骤	工作内容	正常参数	备注
六	检查冷却水循环系统、冷冻水循环系统水泵旁边的阀门，用手转动一下，看是否能够正常转动，是否生锈。 阀门转动是否顺畅：________。 阀门扳手是否有生锈的地方：________。是哪个阀门生锈？________	正常情况下，阀门转动顺畅。如果出现卡壳，说明阀门出现故障，需要进一步处理。阀门的扳手部分应涂好油漆防止生锈，如生锈严重会造成扳手断裂	
七	检查冷却水进水、出水的温度及冷冻水进水、出水的温度。在冷却水及冷冻水进出口处用温度计观察温度。 冷却水进水温度：________。 冷却水出水温度：________。 冷冻水进水温度：________。 冷冻水出水温度：________。 通过观察输水管道上的温度计读取温度值。 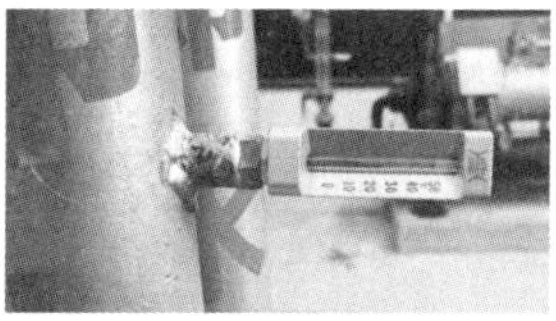 观察主机控制柜屏幕。 冷却水进水温度：________。 冷却水出水温度：________。 冷冻水进水温度：________。 冷冻水出水温度：________。 主机控制柜屏幕如下图所示： 冷却进水 27.7 ℃ 冷却出水 27.7 ℃ ▼ 冷冻进水 28.4 ℃ 冷冻出水 28.2 ℃ 观察冷却水与冷冻水的进水、出水水压。 冷却水进水水压：________。 冷却水出水水压：________。 冷冻水进水水压：________。 冷冻水出水水压：________。 通过输水管道上的机械压力表观察压力 	从温度计上读出的温度值与从主机控制面板上读出的温度值会有一定的差别，因为温度测量有误差。 随着主机运行，冷却水与冷冻水进出水的温度会不断变化，但一般相差 5 ℃。 冷却水压与冷冻水压，可以从冷却水泵与冷冻水泵两边的压力表中观察到。一般进水、出水水压有 0.2～0.3 MPa的压差	观察冷却水与冷冻水的进水、出水水温，其与主机工作时间长短有关，也与主机投入的负荷大小有关

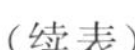

（续表）

步骤	工作内容	正常参数	备注
八	检查压缩机运行负荷及运行电流并做好记录。 压缩机的运行负荷：________。 压缩机的运行电流：________。 主机控制柜屏幕如下图所示： 制冷模式　本地 负载状态：50% 状态描述：1#运行 启停◀　状态▲　保护▼ 压缩机的接线盒如下图所示： 压缩机是三相异步电动机，使用的是 380 V 交流电，它有三相电源。测电流时只需用钳形电流表测量其中一相的电流即可	压缩机的运行负荷会自动调节，顺序一般是 25%→50%→75%→100%。这可以从主机控制面板上观察到。压缩机的运行电流与投入的负荷有关。负荷越大，运行电流越大。本主机制冷时消耗的总功率是 53.6 kW，额定电压是 380 V	检查压缩机的运行电流，可以在压缩机的接线盒中进行。把接线盒打开，用钳形电流表测量
九	检查主机运行时的排气温度、排气过热度、排气饱和温度、吸气温度、吸气过热度、吸气饱和温度并比对参数，同时做好记录。 排气温度：________。 排气过热度：________。 排气饱和温度：________。 吸气温度：________。 吸气过热度：________。 吸气饱和温度：________	排气温度正常是 120 ℃以内，本主机使用 R22 作为制冷剂，正常排气温度是 68～84 ℃，超过 84 ℃开始出现排气温度过高保护现象。排气过热度＝排气温度－冷凝温度（一般是 26 ℃左右）；排气饱和温度对应于排气压力，排气压力一一对应饱和温度；吸气温度一般为 8～10 ℃；吸气过热度＝吸气温度－蒸发温度（一般为 5～8 ℃）；吸气饱和温度与吸气压力一一对应	

（二）任务实施的关键环节

序号	任务实施的关键环节描述	原因
一	在常规检查之前要提前 4 h 给主机供电	保证压缩机的冷冻油能够被加热到正常值，有利于主机启动
二	在检测冷却水与冷冻水水温的时候，要在主机工作的情况下进行，水温与工作时长及主机投入的负荷大小有关	主机工作以后，蒸发器温度下降并不断吸收冷冻水中的热量，使冷冻水的温度降低。冷凝器温度不断上升，把从冷冻水中吸收的热量散发到冷却水中，从而使冷却水水温不断提升。工作稳定后，冷却水水温与冷冻水水温基本保持恒定

五、任务实施结果检查

组别	是否按照标准进行操作？	在操作过程中存在什么问题？	对存在的问题应该采取什么改进措施？

根据检测及观察到的数据，判断本次维护保养结果：

序号	存在异常的数据	可能原因	采取的措施

六、任务实施原理解释

（一）螺杆式压缩机工作原理

通常螺杆式压缩机的主动转子节圆外具有凸齿，从动转子节圆内具有凹齿。如果将阳转子的齿当作活塞，阴转子的齿槽视为气缸（齿槽与机体内圆柱面及端壁面共同构成工作容积，工作容积被称为基元容积），那么螺杆式压缩机的工作过程同活塞式压缩机的工作过程。随着一对螺杆旋转啮合运动，转子的基元容积由于阴转子、阳转子的相继侵入而发生改变。在吸气端设置同步齿轮，厚齿和薄齿叠合在一起，通过调整厚齿和薄齿的相对位置，调整阴转子、阳转子间的啮合间隙，保障阴转子、阳转子即使在反转时也不接触，这样就减少了磨损，提高了使用寿命。图 3－1所示为螺杆式压缩机的工作原理示意图。

螺杆式压缩机的吸气口、排气口分别位于机体两端，且呈对角线布置。气体经吸入口进入基元容积对（阴、阳转子各有一个基元容积组成一对基元容积），由于转子的回转运动，转子的齿连续地脱离另一个转子的齿槽，使齿槽的空间容积不断增大，直到最大时，吸气终了［图 3-1（a）］。基元容积对与吸入口隔开，开始压缩。压缩过程中，基元容积对逐渐推移，容积在逐渐地缩小，气体被压缩［图 3-1（b）］。转子继续旋转，在某一特定位置（根据工况确定的压力比，而求取的转角位置或螺杆某一长度）处，基元容积对与排气口连通，压缩终了，如图 3-1（c）所示。直到气体被排尽为止，排气如图 3-1（d）所示。基元容积由于被空间接触线分割，排气的同时，基元容积对在吸气端再次吸气，接着又是压缩、排气过程。

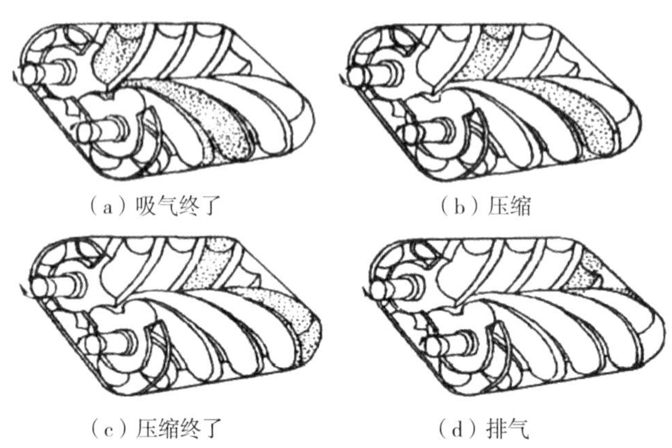

（a）吸气终了　（b）压缩

（c）压缩终了　（d）排气

图 3-1　螺杆式压缩机的工作原理示意图

螺杆式压缩机需要有冷冻油才能正常工作，它有完善的油路系统。冷冻油具有以下作用：

（1）相邻转子间的动态密封；

（2）轴承润滑；

（3）制冷量调节的滑阀控制；

（4）冷却压缩机。

它的油路系统一般包括如下几个部分。

1. 油分离器

创造以下条件确保油从制冷剂中被分离出来：1）油和气体的流速不同；2）油撞击壁面后流向油槽；3）通过雾化器组件后油被阻挡。

2. 油过滤器

由压力降来表征油过滤器清洁状态，正常压降大于 1 bar，若 DP（压差）大于 3.5 则必须更换过滤器。

3. 油加热器

加热器在停机期间停止加热，目的是防止过量的制冷剂被稀释到油中，在压缩机停机后再开机，油加热器应首先通电加热至温度达到要求后再开机。

对于螺杆式压缩机，可以通过观察油位确定油是否足够，通常情况下油位应保持在视油镜的 1/2～3/4 处。在任何情况下，通过视油镜都能观察到油位，过多的泡沫表示油被制冷剂稀释。因此我们在开机前应该提前 4 h 给主机供电，供电后用油加热器给冷冻油加热。

（二）负荷控制

这里所说的负荷实际上就是制冷量，负荷控制就是制冷量控制。按照制冷量 100%→

75%→50%→25%的顺序调节滑块，滑块有 4 个对应的位置，滑块直接与油压缸内移动的滑阀相连接，滑阀的位置由电磁阀控制，滑阀的实际形状改变吸气口的大小。

（三）检漏的原因

空气中人体可接受的制冷剂（R22）蒸气浓度（AEL）为 1000 ppm，在机组调试、使用中我们应避免制冷剂泄漏。如果发生大量溢漏或泄漏，R22 蒸气会集中在靠近地面处，使人体缺氧不适。这时，我们应加强通风，可用风机鼓风，使靠近地面的空气流通。在制冷剂蒸气被清除前，不要进入污染区域，以免对人体产生不良影响。不要让液态 R22 接触皮肤和眼睛，以避免皮肤和眼睛被冻伤。

向机组充注制冷剂或从机组中抽出制冷剂（R22）时，我们应选用专门的制冷剂抽灌装置。从机组中抽出制冷剂（R22）时，我们应注入符合机组设计压力的且按压力容器有关标准设计制造的贮液罐中。不允许将制冷剂（R22）直接排入大气或下水道中。

（四）机组运行范围

项目	最小值	最大值
冷冻水出水温度/℃	5	15
冷却水进水温度/℃	19	35
冷却水出水温度/℃	—	42
机组运行环境温度/℃	−15	40

备注：

（1）对于冷冻水温度低于 5 ℃工况的应用要求，请进行定制，要求为机组配备防冻液；

（2）开机时，冷却水温度不得低于 10 ℃，满负荷运行时，冷却水进水温度不得低于 19 ℃；

（3）蒸发器、冷凝器进出水温差为 5 ℃，特殊要求需定制；

（4）以上的机组运行范围适用于系统的污垢系数在设计标准范围内这种情况。

一、主机系统的工作原理

螺杆式冷水机组主要由四大部件构成，它们分别是压缩机、冷凝器、节流阀和蒸发器（图 3-2）。其工作原理：通过压缩机对制冷剂蒸气施加能量，使其压力、温度提高；然后通过冷凝、节流过程，使之变为低压、低温的制冷剂液体；低压、低温的制冷剂液体在蒸发器内蒸发为蒸气，同时从周围环境（载冷剂，如冷水）中获取热量使载冷剂温度降低，从而达到人工制冷的目的。由此可见，蒸气压缩式制冷循环包括压缩、冷凝、节流、蒸发四个必不可少的过程。其原理分述如下。

压缩过程：蒸发器中的制冷剂蒸气被螺杆式压缩机吸入后，原动机（一般为电动机）通过压缩机螺杆对其施加能量，使制冷剂蒸气的压力提高并进入冷凝器；与此同时，制冷剂蒸气的温度在压缩终了时也相应提高。

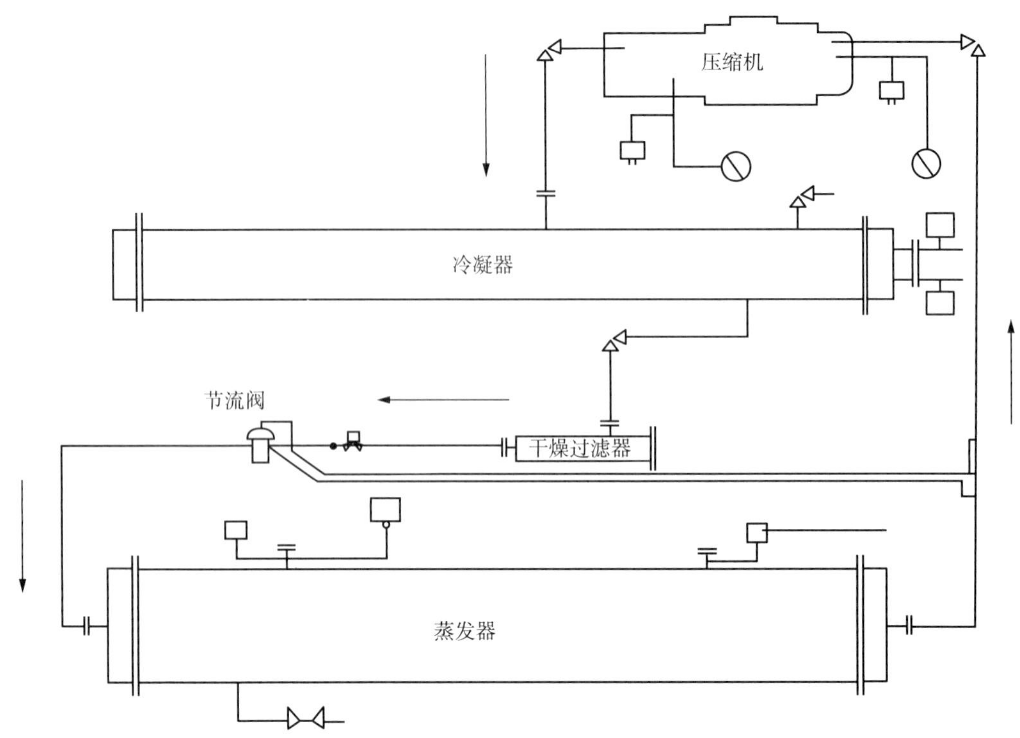

图 3-2　主机系统

冷凝过程：由压缩机来的高压、高温制冷剂蒸气，在冷凝器中通过向管内的冷却水放出热量，使自身温度有所下降，同时在饱和压力（冷凝温度所对应的冷凝压力）下，冷凝成为液体。这时，冷却水因从制冷剂蒸气中摄取了热量，其温度有所升高。冷却水的温度与冷凝温度（冷凝压力）直接有关。

节流过程：由冷凝器底部来的高温、高压制冷剂液体，流经节流孔口时，发生减压膨胀，使自身压力、温度都降低，变为低压、低温液体进入蒸发器中。

蒸发过程：低压、低温制冷剂液体在蒸发器内从载冷剂（如冷水）中摄取热量后蒸发为气体，同时使载冷剂的温度降低，从而实现人工制冷。然后，蒸发器内的制冷剂蒸气又被压缩机吸入进行压缩，重复上述压缩、冷凝、节流、蒸发过程。如此周而复始，达到连续制冷的目的。

二、冷却水循环系统配管

从图 3-3 中，我们可以清晰地看到冷却水循环系统。右上角是冷却塔。

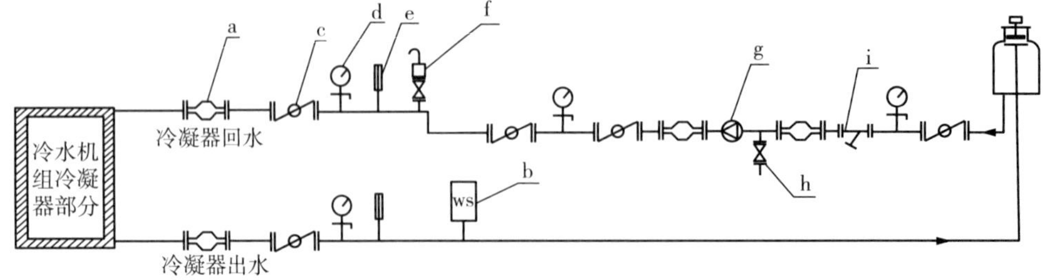

a—防振接头；b—水流开关；c—碟阀；d—压力表；e—温度计；
f—自动放气阀；g—冷却水泵；h—排水阀；i—“Y”形过滤器。

图 3-3　冷却水循环系统配管示意图

三、冷冻水循环系统配管

冷冻水循环系统配管示意图如图 3-4 所示。

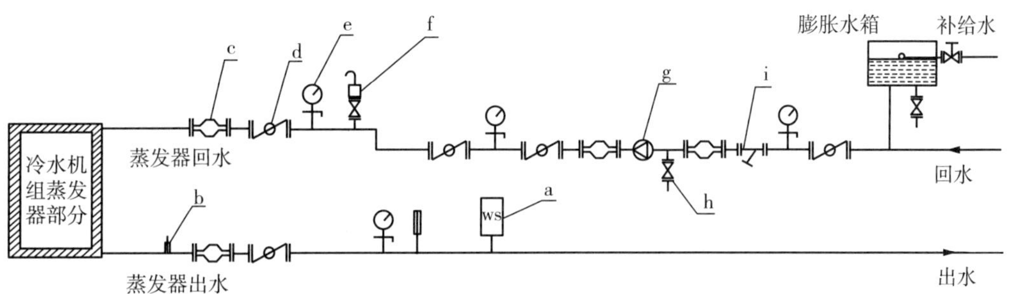

a—水流开关；b—压力式温度控制器；c—防振接头；d—蝶阀；e—压力表；
f—自动放气阀；g—冷冻水泵；h—排水阀；i—“Y”形过滤器。

图 3-4　冷冻水循环系统配管示意图

任务四：清洁主机机房

一、任务描述

中央空调经过长时间运行后，制冷主机不可避免地会出现锈蚀、细菌和粉尘问题。这些问题将直接导致设备制冷能力减弱，使用寿命缩短，运行可靠性降低，能耗提高，运行费用增加等。为了节约能源、降低运行成本，以水冷式中央空调——美的中央空调 LSBLG255/M（Z）为例，我们特制定中央空调系统的主机控制柜、电源控制柜、主机设备、机房等清洁任务，请你学会填写记录表。

二、任务学习目标

（1）学会使用各种清洁工具；

（2）掌握清洁主机控制柜、电源控制柜、主机设备、机房的方法；

（3）清洁过程中注意采取安全措施。

三、任务前期准备

（一）工具准备

扫把、拖把、垃圾铲、毛巾。

（二）劳动保护用品准备

工作服、安全帽、绝缘手套、绝缘鞋。

（三）材料准备

1. 学习资料准备

（1）中央空调的主机控制柜、电源控制柜、主机设备装配图；

（2）中央空调的主机控制柜、电源控制柜、主机设备、机房结构示意图。

2. 耗材与配件准备

除油剂、带电清洗剂。

（四）任务实施分工

组别	组长	组员	

（续表）

分工				
测量	记录	操作	检查	拍照

（五）安全注意事项

（1）戴好手套，防止手部在检测过程中受伤；

（2）戴好安全帽，防止在走动时碰伤头部；

（3）穿好工作服，培养职业素养。

四、任务实施

（一）任务实施流程

步骤	工作内容	正常参数	备注
一	清洁主机控制柜，保证主机控制柜没有灰尘、没有杂质、没有小虫，保持主机控制柜干燥、通风。 下图是主机控制柜：  清洁时要打开门，清洁内部，把灰尘、杂质、小虫、蜘蛛网等清除干净。 内部结构：  	正常情况下，主机控制柜处于无发热、干燥、干净状态为正常，否则为不正常，应查明原因后进行清洁或检修	在清洁带电的主机控制柜时，要做好绝缘防护，以防触电。不能触及电路与电路板
二	清洁电源控制柜，保证没有灰尘、没有杂质、没有小虫，保持电源控制柜干燥、通风。下图是电源控制柜： 	正常情况下，电源控制柜有一定的热量，但温度不高	在清洁带电的主机控制柜时，要做好绝缘防护，以防触电。不能触及电路与电路板

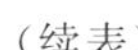

（续表）

步骤	工作内容	正常参数	备注
三	清洁水冷机组，把主机控制柜的外面灰尘擦干净。目之所及的地方都要把灰尘擦干净。特别注意检查油污的地方是否存在泄漏	正常情况下水冷机组表面干净整洁	在清洁时，不要随意开关各种阀门，应该做到只清洁、不动任何开关
四	打扫机房，把地面打扫干净，把蜘蛛网扫除，保证良好的通风	机房干净整洁	机房长时间不打扫会积攒很多的灰尘、蜘蛛网等
五	填写记录表	填写记录表，如实记录实际检查情况	记录表能够很好地反映维护保养的过程

中央空调机房巡查记录表见表 4－1 所列。

表 4－1　中央空调机房巡查记录表

管理处：　　　　　　　　编号：

时间/日期	低压配电柜			制冷主机						冷冻/冷却水泵			室内配套设施			检查人
	按钮开关动作灵敏	仪表指示灯正常	继电器正常	主机能正常启动	各管道无异常振动	压缩机运转平稳、无异常声响	水管接头无漏水	电气、自控系统运转正常	各处保温完好	可正常启动	闸阀、止回阀开启正常	软接头处无裂缝	照明	排水系统	机房及设备外观清洁	

（二）任务实施的关键环节

序号	任务实施的关键环节描述	原因
一	清洁完成后，对主机控制柜、电源控制柜、主机设备的正常运行做评估	保证清洁不影响正常运行
二	清洁电气控制部分时，需要断电操作	做清洁工作时按规定穿戴好劳动保护用品。必须严格执行“断电挂牌”制度，保证人身和财产安全
三	一定要认真填写记录表	这是维护保养过程的记录凭证

五、清洁检查记录表

中央空调机组清洁检查记录表见表 4－2 所列。

表 4－2　中央空调机组清洁检查记录表

设备编号：　　　　　　　　　　　　　　　　　　　　　　　　日期：　　年　　月　　日

序号	清洁项目基本要求	清洁情况
1	清洁主机控制柜	
2	清洁电源控制柜	
3	清洁主机设备	
4	清洁机房	

其他报告及建议：

客户签名：____________________保养人员签名：____________________

日　　期：____________________日　　　　期：____________________

六、任务实施原理解释

美国国家环境保护局、丹麦技术大学等机构在美国和欧洲的调查结果表明，由于空调通风系统长期运行、清洁不当等原因，来自空调通风系统的室内空气污染占 42%～53%，通风系统内主要污染物为颗粒物和微生物。

研究人员从中央空调通风系统内采集的样本中发现，里面含有尘土沙砾、碳类物质、结晶体、纤维、涂料片、腐蚀掉落的风管内壁材料等，此外还有一些昆虫的尸体混杂其中。一旦灰尘中附着有细菌、真菌等微生物，很容易使人患过敏或者呼吸类疾病。

中央空调的通风系统中有长期积累下来的卫生死角，其面积远远大于我们平时能够清洗到的机组面积。长期得不到清洁的风管为有害生物提供了安稳的环境，它们会不断滋生并随着四通八达的风管在室内广泛传播，造成空气二次污染。建筑物空调通风系统所造成的人体健康危害和疾病有几十种。

中央空调清洗关乎室内空气的质量，直接影响人们身体健康；主机清洗及水处理清洗关系到设备的使用寿命、能耗和故障率。为了保障中央空调系统正常运行，最为恰当的做法是每年清洗 1～2 次。

一、水冷式中央空调的机房

水冷式中央空调的机房一般位于整栋大楼的一楼或地下室，主要原因是中央空调的水冷机组较重，运行起来有振动，放在结实的一楼或地下室，能够解决承重问题与共振问题。中央空调主机系统如图 4－1 所示。

图 4-1　中央空调主机系统

这是典型的中央空调的主机系统。

一般机房包括中央空调的主机系统（包括主机控制柜）、冷却水泵、冷冻水泵、电源控制柜、排水沟、通风设备等。机房的大小由中央空调的主机系统的总功率及数量决定，总功率越大数量越多，机房的面积就越大。

二、中央空调主机控制柜

中央空调主机控制柜（图 4-2）是主机系统的控制大脑，所有的控制指令都由这里发出。

图 4-2　中央空调主机控制柜

主机控制柜内一般有主控电路板（图 4-3）与压缩机的 Y-Δ 启动电路（图 4-4）。

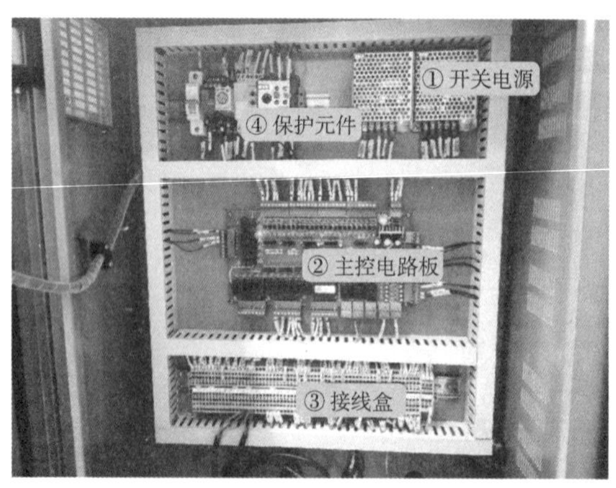

图 4-3　主控电路板

图 4－4　压缩机的 Y－Δ 启动电路

三、电源控制柜

电源控制柜（图 4－5）是整个水冷式中央空调的总控制电源，包括水冷机组、冷却塔、冷却水泵、冷冻水泵等。

图 4－5　电源控制柜

任务五：干燥过滤器检查

一、任务描述

本任务主要是针对水冷式中央空调的干燥过滤器进行常规的维护与保养。该水冷式中央空调的型号是美的中央空调 LSBLG255/M（Z）水冷螺杆式冷水机组。具体任务主要是清洗干燥过滤器、干燥过滤器滤芯吸潮后的干燥处理或更换。

二、任务学习目标

（1）学会清洗干燥过滤器；

（2）掌握干燥过滤器滤芯更换方法。

三、任务前期准备

（一）工具准备

（1）清洗、拆卸干燥过滤器所需的工具，如扳手、抹布等。

（2）干燥剂。

（二）劳动保护用品准备

工作服、安全帽、工作手套。

（三）材料准备

1. 学习资料准备

（1）中央空调的装配图；

（2）中央空调的结构示意图。

2. 耗材与配件准备

干燥过滤器滤芯。

（四）任务实施计划

<table>
<tr><td>组别</td><td>组长</td><td rowspan="2">组员</td><td colspan="2" rowspan="2"></td></tr>
<tr><td></td><td></td></tr>
<tr><td colspan="5">分工</td></tr>
<tr><td>测量</td><td>记录</td><td>操作</td><td>检查</td><td>拍照</td></tr>
<tr><td></td><td></td><td></td><td></td><td></td></tr>
</table>

（五）安全注意事项

（1）戴好手套，防止手部在检测过程中受伤；

（2）戴好安全帽，防止在走动时碰伤头部；

（3）穿好工作服，培养职业素养。

四、任务实施

（一）任务实施流程

1. 干燥过滤器检查

步骤	工作内容	正常参数	备注
一	清洗干燥过滤器：用眼观察干燥过滤器表面有无积尘。 是否发现积尘：________	干燥过滤器洁净无尘	
二	若干燥过滤器进出口温差过小，则通常伴随蒸发压力过低以及蒸发温度与冷冻水出水温度的差值增大的现象。 过滤器进出口温差：________	正常情况下，干燥过滤器进出口温差小于2 ℃时，应及时更换干燥过滤器滤芯	
三	过滤器两闸阀外油管温度是否都高于油过滤器：________	过滤器两闸阀外油管两端温度应差不多，都高于油过滤器温度，说明阀关闭性能良好	

2. 干燥过滤器滤芯更换

步骤	工作内容	正常参数	备注
一	在机组正常制冷状态下，检查人员慢慢关液阀，观察压缩机负载是否下降：________。 当机组负荷降到________%时关闭液阀，等待机组低压保护停机。 通过主机显示屏可看到负载状态，如图所示： 制冷模式 本地 负载状态：50% 状态描述：1#运行 启停◀ 状态▲ 保护▼ 关闭液阀，如图所示。	机组负荷降到50%时就可以关闭液阀	

（续表）

步骤	工作内容	正常参数	备注
二	对干燥过滤器段卸压，松开干燥过滤器端盖，观察是否有制冷剂排出：________ 	液阀关紧的情况下，干燥过滤器段有少量制冷剂（冷媒）排出	
三	打开干燥过滤器端盖，取出旧的干燥过滤器滤芯，检查密封垫在拆卸时有无损坏：________ 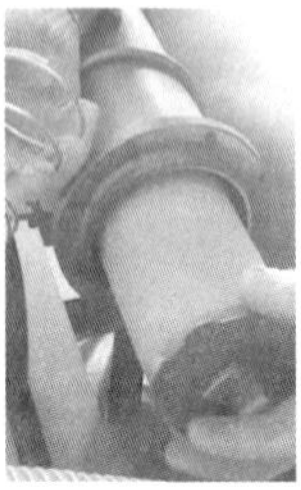 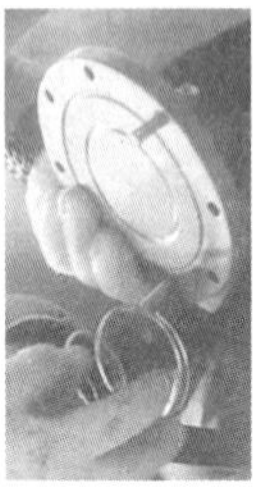		
四	将干燥过滤器段局部排空	为保证系统没有水分，可以把液阀松开一点，用少量的制冷剂排空气，使干燥过滤器段充满制冷剂，从而使空气无法进入	
五	装进新的干燥过滤器滤芯，拧紧螺栓并局部检漏  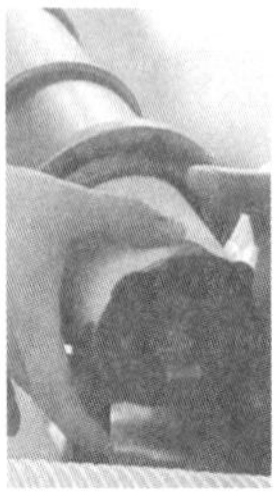	若密封垫在拆卸时有损坏，则更换新的密封垫	
六	打开关液阀，做好开机准备		

（二）任务实施的关键环节

序号	任务实施的关键环节描述	原因
一	在常规检查之前提前 4 h 给主机供电	保证压缩机的冷冻油能够被加热到正常值，有利于主机启动
二	要在主机工作的情况下检测干燥过滤器进出口温差	若干燥过滤器进出口温差小于 2 ℃，通常伴随蒸发压力过低以及蒸发温度与冷冻水出水温度的差值增大的现象

五、任务实施结果检查

组别	是否按照标准进行操作？	在操作过程中存在什么问题？	对存在的问题应该采取什么改进措施？

根据检测及观察到的数据，判断本次维护保养结果：

序号	存在异常的数据	可能原因	采取的措施

六、任务实施原理解释

(1) 若干燥过滤器进出口温差小于 2 ℃，通常伴随蒸发压力过低以及蒸发温度与冷冻水出水温度的差值增大的现象（此时应及时更换干燥过滤器滤芯）。

(2) 通过开机，把制冷剂回收到冷凝器中，再把干燥过滤器两端阀门关掉，这样干燥过滤器内部没有多少制冷剂，方便拆装与更换干燥过滤器滤芯。

(3) 干燥过滤器滤芯必须购买中央空调专用滤芯。

图 5－1　中央空调专用滤芯

图 5－1 是中央空调专用滤芯。左边是未拆包装的滤芯，外部包裹很严实，密封性很好，主要是为了防止内部滤芯与空气接触。右边是拆了包装的滤芯，在更换时才能打开，千万不要提前打开。若提前打开包装，滤芯就会吸满空气中的水分，达不到干燥的目的。

知识拓展

干燥过滤器滤芯更换程序如下：

(1) 关掉干燥过滤器两端的关断阀（如果干燥过滤器只有一端有关断阀，则须进行制冷剂回收）；

(2) 排放干燥过滤器段少量冷媒；

(3) 打开干燥过滤器端盖；

(4) 取出旧的干燥过滤器滤芯，装进新的干燥过滤器滤芯；

(5) 装回干燥过滤器端盖（注意检查密封垫在拆卸时有无损坏），拧紧螺栓；

(6) 将干燥过滤器段局部抽成真空；

(7) 打开关断阀，做好开机准备。

任务六：更换压缩机冷冻油及检查压缩机的电机绝缘情况

一、任务描述

本任务主要是对水冷式中央空调压缩机冷冻油进行更换及补充压缩机的电机绝缘条件。该水冷式中央空调的型号是美的中央空调 LSBLG255/M（Z）水冷螺杆式冷水机组。具体任务主要是检查压缩机冷冻油是否足够，检查压缩机的电机绝缘电阻是否达到正常要求等。

二、任务学习目标

（1）学会判断压缩机冷冻油是否足够，电机绝缘电阻是否达到要求；

（2）掌握压缩机冷冻油的更换方法；

（3）掌握补充压缩机的电机绝缘条件的方法。

三、任务前期准备

（一）工具准备

（1）检查压缩机电机的绝缘性时用到 500 V 摇表。

（2）更换压缩机冷冻油时用到活动扳手等。

（二）劳动保护用品准备

工作服、安全帽、工作手套。

（三）材料准备

1. 学习资料准备

（1）中央空调的装配图；

（2）中央空调的结构示意图。

2. 耗材与配件准备

压缩机冷冻油。

（四）任务实施分工

<table>
<tr><td>组别</td><td>组长</td><td rowspan="2">组员</td><td rowspan="2"></td></tr>
<tr><td></td><td></td></tr>
</table>

（续表）

分工				
测量	记录	操作	检查	拍照

（五）安全注意事项

（1）戴好手套，防止手部在检测过程中受伤；

（2）戴好安全帽，防止在走动时碰伤头部；

（3）穿好工作服，培养职业素养。

四、任务实施

（一）任务实施流程

步骤	工作内容	正常参数	备注
一	检查压缩机冷冻油是否足够。 压缩机冷冻油油位：________。 若压缩机的冷冻油不够，则进行更换	正常油位在视油镜中部	
二	冷冻油更换步骤： （1）检查主机视油镜油位是否正常。若油位低或无油位，应先开机保证压缩机工作后，把冷凝器底部的截止阀关闭，并把制冷剂回收到冷凝器中。截止阀如下图所示： （2）要先把截止阀保护帽拿下来，再用内六角扳手关闭。准备空油桶，利用主机内的余压将冷冻油从油槽中排出。 （3）将系统内冷冻油全部排出后检查压缩机内的余压，确认压力很小或者已没有时，将油槽内的油过滤器拆出更换。 （4）将油槽内污物清理干净，恢复油槽。 （5）将系统抽成真空。 （6）按照手册要求的充注量，用油泵充注足够的冷冻油到主机内。 （7）将原来的各阀门恢复至原状态。 （8）充注完冷冻油后对其进行预热，当油温达到开机条件时进行开机调试。 （9）调试期间要密切观察主机各运行参数并做相应记录及分析。 （10）根据需要对制冷剂进行适当的补充。 （11）若运行正常，可交付	在本次操作中，关键点如下： （1）回油操作中，不能有油泄漏出来； （2）注意各个阀门的开关顺序，有些是有严格的逻辑关系的； （3）抽真空是对压缩机内部抽真空，并不对整个主机抽真空； （4）油过滤器一定要进行清洗，过滤器上面会有许多污渍，清理污渍对整个系统有益处； （5）加冷冻油时需要用到油泵，通过油泵把冷冻油压入压缩机内	

（续表）

步骤	工作内容	正常参数	备注
三	检查压缩机的电机绝缘电阻。 压缩机电机的绝缘电阻：________。 本次检查需要用到 500 V 的摇表，并打开压缩机的接线盒，把内部的接线全部拆开。特别注意，此时的操作必须在断电并确保压缩机不带电的情况下进行。 操作步骤如下。 （1）准备 500 V 的摇表，把压缩机的接线盒打开，如下图所示。 露出内部的接线端子，如下图所示。 把所有的接线全部拆下来，并做好记号，方便恢复接线。 （2）对各个接线进行绝缘电阻的测量，要进行两类测量：相地和相间。这两类测量的绝缘电阻必须在 0.5 MΩ 以上。根据说明书，本机绝缘电阻在 1 MΩ 以上	正常情况下，压缩机电机的绝缘电阻不低于 0.5 MΩ。本机的说明书要求绝缘电阻在 1 MΩ 以上	
四	补充绝缘条件： 若在上述测量中，发现绝缘电阻未达标，则检查接线端子处是否有破裂“搭外壳”现象。若接线端子处没有此现象，则内部电路存在漏电情况，需要送修		

（二）任务实施的关键环节

序号	任务实施的关键环节描述	原因
一	在常规检查之前要提前 4 h 给主机供电	主机视油镜油位低或无油位，需开机进行回油后再进行下一步工作
二	在检查压缩机的绝缘电阻时，一定要检查摇表的好坏。进行开路试验与短路试验，并且这两个试验必须都要成功，有其一不成功都不能进行检测	使用前检查摇表是为了确保摇表的准确性。若不进行检查，则测量得到的数据是不准确的

（续表）

序号	任务实施的关键环节描述	原因
三	在更换冷冻油时注意： (1) 打开排油阀时，要缓慢进行，防止高压冷冻油喷出； (2) 把新的冷冻油加入系统中时，需要用到专用的泵油设备； (3) 有时只更换冷冻油，并不需要把内部的制冷剂排出，这时不必进行抽真空及充氮气保压操作	主机内部的压力高，在放油时，要缓慢进行。加油则需要用专门的泵油设备把冷冻油压入主机内部

五、任务实施结果检查

组别	是否按照标准进行操作？	在操作过程中存在什么问题？	对存在的问题应该采取什么改进措施？

根据检测及观察到的数据，判断本次维护保养结果：

序号	存在异常的数据	可能原因	采取的措施

六、任务实施原理解释

压缩机在正常工作时，内部的运动部件必须进行润滑，否则磨损严重，使用寿命严重降低。因此，压缩机内部必须加入润滑油，以保证压缩机工作时各部件得到良好润滑，从而大大延长压缩机使用寿命。润滑油本身具有一定黏性，还可起到一定的密封作用。润滑油的量要合适，不能过多或过少。通过视油镜可以观察油量的多少，一般视油镜都有合适油量的标线。若油量低于最低标线，则应及时添加润滑油。

知识拓展

主机换油保养工作注意事项如下：

(1) 到现场后先检查主机视油镜油位是否正常，若油位低或无油位，需开机进行回油后再进行下一步工作；

(2) 确定主机油位正常或主机开机回油正常后，将主机停机；

(3) 熟悉现场设备系统各阀门（如系统过滤器前、后阀门等）；

(4) 准备工具（包括空油桶），对主机冷冻油进行排放、冷媒回收；

(5) 将油排干净后打开油槽，清理油槽内的油泥、磁铁上的污物等；

(6) 对油过滤器进行更换；

(7) 对系统冷媒过滤器进行拆解，清洁过滤器桶；

(8) 对干燥过滤器进行更换恢复（拆解干燥过滤器后尽快安装到系统中，避免受潮）；

(9) 更换好油过滤器后，对各元件法兰、阀门进行恢复；

(10) 在系统中充入氮气，对各接头进行查漏，均无漏后对系统进行保压；

(11) 检查氮气保压状况，对系统进行抽真空；

(12) 测量真空度并记录，进入真空保压流程；

(13) 真空度保压测量正常时，进行冷媒、冷冻油的定量充注；

(14) 充注完冷冻油后对冷冻油进行预热，当油温达到开机条件时进行开机调试；

(15) 调试期间要密切观察主机各运行参数并做相应记录及分析；

(16) 主机运行正常时，可交付使用。

任务七：风机盘管及送风管道的维护保养

一、任务描述

本任务主要是对水冷式中央空调的风机盘管（末端）与送风管道的检查与保养。风机盘管主要把冷冻水的冷量传递给空气循环系统，空气循环系统再通过送风管道把冷量送到各个房间。

二、任务学习目标

（1）学会风机盘管的常见故障处理与保养、清洗方法。

（2）掌握风机盘管清洗时所用工具的使用方法。

（3）知道风机盘管维护保养时应当采取的安全措施。

三、任务前期准备

（一）工具准备

毛巾、尼龙板刷、气枪、高压软管、吸尘器、防水薄膜、刷子。

（二）劳动保护用品准备

口罩、工作手套、防尘工作服、绝缘手套、绝缘鞋、安全帽。

（三）材料准备

1. 学习资料准备

风机盘管结构图。

2. 耗材与配件准备

中央空调铝翅片环保洗涤剂、中央空调风机盘管污垢清洁剂等。

(四）任务实施分工

<table>
<tr><td>组别</td><td>组长</td><td rowspan="2">组员</td><td colspan="2" rowspan="2"></td></tr>
<tr><td></td><td></td></tr>
<tr><td colspan="5">分工</td></tr>
<tr><td>测量</td><td>记录</td><td>操作</td><td>检查</td><td>拍照</td></tr>
<tr><td></td><td></td><td></td><td></td><td></td></tr>
</table>

（五）安全注意事项

（1）穿好工作服，以免在工作时划伤四肢；

（2）戴好安全帽，以防工作时碰伤头部；

（3）戴好护目镜，以免在清洗时，洗涤剂或清洁剂进入眼睛。

四、任务实施

（一）任务实施流程

步骤	工作内容	正常参数	备注
一	关闭中央空调的电源，并挂好警示牌		挂好警示牌，以防有人意外送电
二	拆卸风机盘管的风机马达和叶轮，并对叶轮进行清洁。检查风机马达接线是否正常以及电容是否失效。给马达转轴加上润滑油。 在下图中，中间为风机马达，电机的两头为风机及叶轮。检查风机马达能否正常转动，可以给马达转轴加上润滑油。观察风机叶轮上是否有灰尘，若有，把灰尘打扫干净。检查风机马达中是否有不良接线，电容是否失效。若存在以上这些情况，应及时接好线，更换电容	叶轮应干净整洁没有灰尘。风机马达接线应良好，电容应有效	因为长时间地使用，风机盘管叶轮上会积聚大量的灰尘，长时间不清理，不仅影响通风能力还会造成耗电量增加
三	使用高压水枪对回风口挡板、过滤网进行清洗，把灰尘打扫干净，用消毒液对回风口进行消毒。	回风口的过滤网不发霉、无细菌	

（续表）

步骤	工作内容	正常参数	备注
四	对风机盘管相应的送风管道进行杀菌消毒。用消毒液进行喷雾消毒		
五	对风机盘管的铝翅片进行清洗、除垢、杀菌，保持通风顺畅。采用对铝翅片无腐蚀，但能清除灰尘、污垢的 SDP－01 翅片水，用高压清洗机将翅片水喷于铝翅片上，让其作用 5 min，然后用清洗机冲洗翅片。铝翅片清洗干净后（可见翅片内 2～3 排小铜管），正确安装风机盘管前面的风机马达及叶轮，使之完全复原。 下图是风机盘管的侧面结构：  在清洗前先把风机马达及叶轮拆下，露出内部的翅片，再进行清洗。因接水盘比较浅，在清洗时注意水量大小，水不能溢出接水盘	铝翅片应干净整洁，没有灰尘，缝隙不堵塞	铝翅片若使用时间过长，表面会聚集灰尘，生成污垢
六	除去接水盘、过滤器上的污泥、杂物，清洗干净，保持水流畅通。投加 3 片杀菌灭藻片	接水盘与冷凝水管流水通畅不堵塞	
七	拆卸风机盘管“Y”形过滤器并清洗。 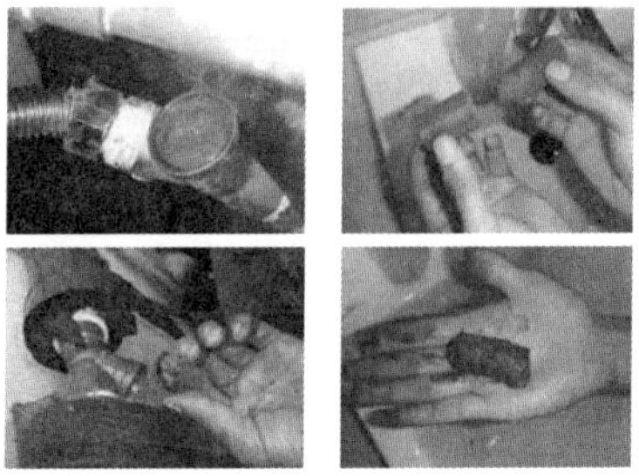		
八	检查进出风栅的清洁卫生，有污垢要擦除干净		

（续表）

步骤	工作内容	正常参数	备注
九	检查冷凝水管的排水情况，检查管道连接处是否有漏水现象。若有，则认真处理，保证不漏水		
十	检查进入风机盘管的冷冻水管道的保温层是否良好，若出现破裂或脱落则进行维修	冷冻水管外层的保温棉应该良好，没有开裂与脱落现象	
十一	检查冷冻水管的阀门是否漏水，若漏水应处理好		若出现漏水，会造成带电设备漏电或短路
十二	检查风机盘管下方，不应该有日光灯等照明设备		
十三	检查送风管道连接处连接是否牢固，若出现脱落开裂应处理好		

（二）任务实施的关键环节

序号	任务实施的关键环节描述	原因
一	关闭电源，挂好警示牌	防止有人误送电，造成触电事故
二	清洗风机盘管的铝翅片时，喷上清洁剂并留够除污的时间。冲水时，要注意水量，不能使接水盘溢出污水	若除污时间不够，则污垢清除不干净
三	在使用药水清洗时，要注意药水与水的配比，不能用纯药水清洗，否则容易使铝翅片腐蚀	除垢药水往往有比较强的腐蚀性，兑水的目的是把腐蚀度降低，从而不腐蚀铝翅片
四	在清洗风机盘管时要注意前后的顺序，有些步骤之间是有前后顺序的，不能搞错，否则会做多余的工作	考虑到风机盘管的结构特点，清洗时要注意前后顺序
五	拆卸风机盘管“Y”形过滤器并清洗	“Y”形过滤器堵塞会造成冷冻水流通不畅，出风口冷量不足

五、任务实施结果检查

组别	是否按照标准进行操作？	在操作过程中存在什么问题？	对存在的问题应该采取什么改进措施？

根据检测及观察到的数据，判断本次维护保养结果：

序号	存在异常的数据	可能原因	采取的措施

六、任务实施原理解释

（一）风机盘管的清洗

中央空调的风道如图 7－1 所示，它由入口端的风机盘管及风道组成。风机盘管负责把冷风送入风道，风道再把冷风送到各个空间。

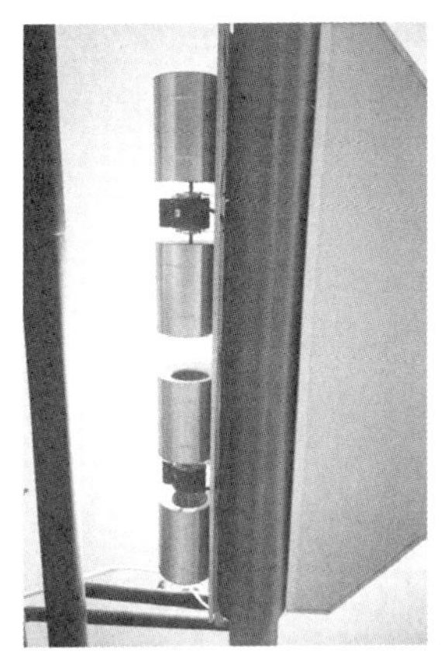

图 7－1　中央空调的风道

风机盘管是水冷式中央空调的末端，它的内部结构如图 7－2 所示。

图 7－2　风机盘管的内部结构

风机盘管机组简称风机盘管。它是由小型风机、电动机和盘管（空气换热器）等组成的空调系统末端装置之一。冷冻水或热水流过盘管内时与管外空气换热，使空气被冷却、除湿或加热，从而调节室内的空气参数。它是常用的供冷、供热末端装置。

它内部有电动机、叶轮、盘管、控制电路、接水盘等。这些部件在工作一段时间以后，上面会积聚灰尘与污垢。严重时直接影响风机盘管的热交换能力，使出风口吹出来的风不冷或不热。因此，我们必须每隔一定的时间（比如一年），对风机盘管进行清洗。

1. 盘管

盘管担负着将冷（热）水的冷（热）量传递给通过风机盘管的空气的重要使命。为了保证高效率传热，要求盘管的表面必须尽量保持光洁。但是，由于风机盘管一般配备的均为粗效过滤器，孔眼比较大，在刚开始使用时，难免有粉尘穿过过滤器而附着在盘管的管道或翅片表面。如果不及时清洁，粉尘就会使盘管中冷（热）水与盘管外流过的空气之间的热交换量减少，使盘管的换热效能不能充分发挥出来。若附着的粉尘很多，翅片间的部分空气通道会被堵塞，还会减小风机盘管的送风量，使空调性能进一步降低。

盘管的清洁方式可参照空气过滤器的清洁方式，但清洁的周期可以长一些，一般一年清洁一次。如果是季节性使用的空调，则在空调使用季节结束后清洁一次。不到万不得已，不采用整体从安装部位拆卸下来的方式清洁，以减小清洁工作量及拆装工作对空调造成的影响。

图 7 - 3 是布满污垢的盘管。

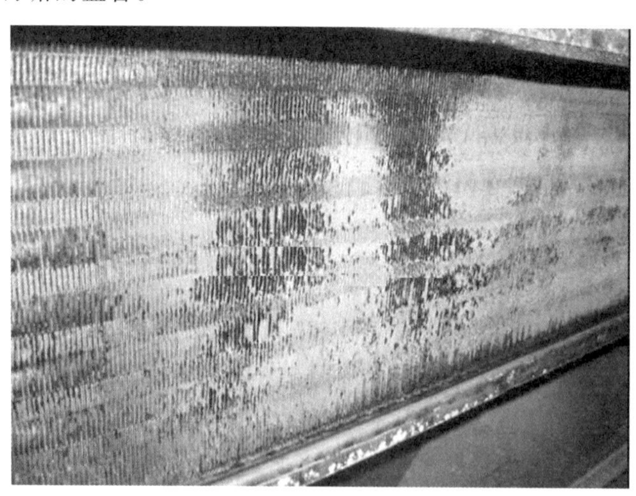

图 7 - 3　布满污垢的盘管

2. 风机

一般采用多叶片双进风离心风机，这种风机的叶片是弯曲的。由于空气过滤网不可能捕捉到全部粉尘，所以漏网的粉尘就有可能黏附到风机叶片的弯曲部分，使得风机叶片的性能发生变化和重量增加。如果不及时清洁，风机的送风量就会明显下降，电耗增加，噪声加大，风机盘管的总体性能变差。风机叶轮由于有蜗壳包围，不拆卸下来的话清洁工作就比较难做。可以采用小型强力吸尘器吸扫的清洁方式，一般一年清洁一次或一个空调季节清洁一次。风机是交流单相电机，与电容器配合工作。若电容器失效，电动机转动无力或不转。在保养时，需要检查电容器是否失效。图 7 - 4 是布满污垢的风机。

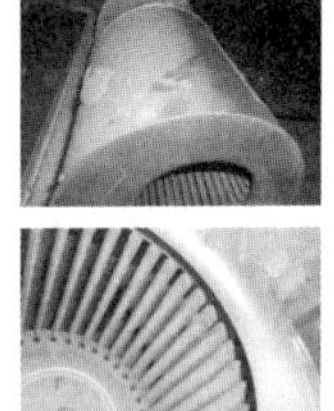

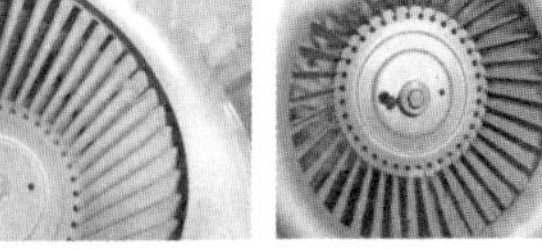

图 7-4　布满污垢的风机

3. 接水盘

盘管对空气进行降温除湿处理时，所产生的冷凝水会滴落在接水盘（又叫滴水盘、集水盘）中，并通过排水口排出。风机盘管的空气过滤器一般为粗效过滤器，一些细小粉尘会穿过过滤器孔眼而附着在盘管表面，当盘管表面有冷凝水形成时就会将这些粉尘带落到接水盘里。因此，必须对接水盘进行定期清洗，将沉积在接水盘内的粉尘清洗干净。否则，沉积的粉尘过多，会使接水盘的容水量减小。在冷凝水产生量较大时，由于排泄不及时还会出现冷凝水从滴水盘中溢出损坏房间天花板的事故；堵塞排水口，同样会发生冷凝水溢出情况；接水盘成为细菌甚至蚊虫的滋生地，对所在房间人员的健康构成威胁。接水盘一般一年清洗两次，若是季节性使用的空调，则在空调使用季节结束后清洗一次。清洗方式一般为清水冲刷，污水由排水管排出。为了消毒杀菌，还可以对清洁干净的接水盘用消毒水（如漂白水）刷洗一遍。

（二）送风管道

送风管道是中央空调中用于输送冷风或热风的管道，它的结构如图 7-5 所示。

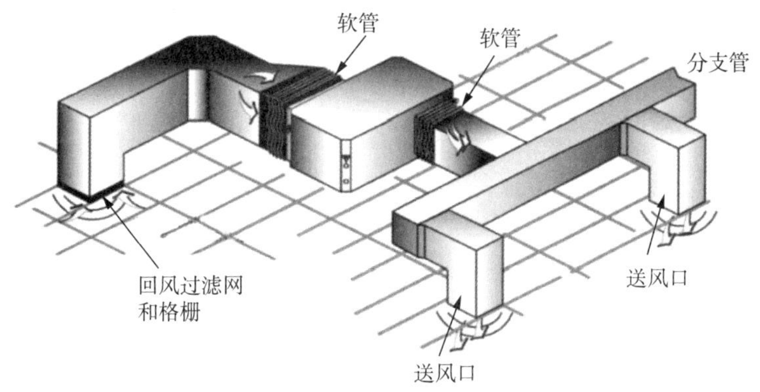

图 7-5　送风管道的结构

图 7-5 中两软管之间就是风机盘管，它有回风口和送风口。中间的管道是使用轻质材料制成的，有保温作用。回风口与送风口在长时间使用后，都会积聚灰尘。回风口处还有过滤网和格栅。过滤网是风机盘管用来净化回风的重要部件，通常采用的是用化纤材料做成的过滤网或多层金属网板。由于风机盘管安装的位置、工作时间的长短、使用条件不同，其清洁的周期与清洁的方式也不同。一般情况下，在连续使用期间应一个月清洁一次，如果清洁工作不及时，过滤网的孔眼堵塞非常严重，就会使风机盘管的送风量大大减少，其向房间的供冷（热）量也就相应大大降低，从而影响室温控制的质量。另外，中间的管道连接处往往使用胶水粘连，时间长了很容易脱胶。脱胶后容易漏风。

知识拓展

一、常见风机盘管的清洁标准与方法

（一）过滤网清洗标准

无灰尘和污垢，清水冲洗后水体依然干净，边框无污渍。

（二）翅片清洗标准

用铝翅片清洗剂清洗翅片时，配制药液要合理，绝对禁止用纯药液清洗。用药液清洗完成后，一定要用清水把翅片处理干净。必要时需使用清洗泵进行高压清洗，直至铝翅片清洗干净。注意：用清洗泵清洗时注意枪头的角度和压力，避免损坏铝翅片。

（三）风机清洗标准

风机叶轮上无浮尘，壳体和支座干净。（蜗壳和叶轮必须拆卸清洗。）

（四）电机清洗标准

边框无污渍，对电机无破坏，壳体和支座干净。

（五）检查进回水阀门标准

确保每个阀门都能独立开关，不漏水以及不往外滴冷凝水。

（六）检查电磁阀标准

检查电磁阀是否漏水。

（七）进水、回水软连接及保温标准

检查进水、回水软连接处是否漏水及是否渗漏冷凝水，检查到每个丝扣连接，检查保温是否严密。

（八）清洗前准备

对风机进行清洗前，先做好楼道和墙面的防护工作，填写风机盘管检查记录：检查风机盘管电机是否运转正常，机组运行有无异常噪声，过滤网是否齐全，翅片有无损坏，检查进回水软连接、阀门、过滤器和保温情况。

（九）停机

风机盘管运转情况记录完毕后，关闭风机盘管电源，并对风机盘管电线做好绝缘措施，以保证在清洗施工过程中不漏电，安全施工。

（十）清洗过滤网

用清水冲洗玻璃纤维过滤网，如有特别难洗的污渍粘在上面，用中性洗涤液温水溶液浸泡，以彻底清除纤维上的污渍。过滤网框体用毛巾和洗涤液擦拭，再用清水冲洗干净。金属丝网过滤器用清水冲洗，用尼龙板刷清除网格间的灰尘与污垢。若有油渍，则用弱碱性溶液刷洗，再用清水冲洗干净。

（十一）清洗翅片

清洗空调风机翅片时，需要打开盘管段上盖板，取走回风段过滤器并清洗后，可以看到翅片的侧面。目测翅片的脏污情况，若翅片不是很脏，则用气枪套高压软管，从翅片顶部向下把高压气体送入翅片间。因为高压气体的反作用力，高压软管在翅片缝隙间做无规则运动。同时，黏附在翅片上的灰尘也被高压气体吹走或被吹松动。然后再用水从翅片顶部向下冲洗，被吹走或松动的灰尘顺水流流向凝水槽，随污水排至排水管，翅片被反复清洗，这样可以保证翅片的一面被清洗干净。用同样的方法对翅片的侧面进行清洗，这样，翅片的两面都清洗干净了。若翅片很脏，用高压气体和水不能清洗干净，则在上述清洗过程之后，再用铝翅片清洗剂溶液对翅片进行喷洒，喷洒 3～5 min 后用清水冲洗，冲洗后铝翅片显出金属光泽。

（十二）清洗风机

对于风机表面浮尘，先用吸尘器吸取。若吸尘器不能清洗干净黏附在叶轮上的积尘，则用刷子刷，再用湿抹布擦，直至叶轮表面无浮尘。风机的壳体和支座用水擦洗，遇到顽固污渍则用洗涤液加水清洗。若检查发现风机存在故障，则及时检修或更换。

（十三）清洗（检查）电机

电机清洗前用防水薄膜把电机接线盒包裹好，防止进水引起短路。清洗电机时主要是清洗外壳和支座，用吸尘器把表面浮尘吸走后，用抹布擦拭壳体和支座，直至干净光亮。电机清洗完毕后，取下接线盒上的透明塑料薄膜。若检查发现电机存在故障，则及时检修或更换。

（十四）清洗箱体

在擦洗时要保护好箱体内的所有电路。在清洗空调机组外部箱体时，先把堆积在箱体上的杂物移走，再用吸尘器把壳体上的灰尘清除干净，最后用抹布擦拭一遍箱体外部。较脏时使用清洗剂清洗。

（十五）安装过滤网

把清洗好并晾干的过滤网逐一安装好。

（十六）贴清扫标签

在机组内明显位置处粘贴清扫标签，明示清扫日期及状态。

（十七）机组运行

在空调机组全部清洗完之后，检查箱体内有无遗留东西。在确保一切正常后，合上电源开关，运行空调机组，并填写风机盘管清扫验收单等相关表格文件。

二、风机盘管机组的常见故障及排除方法

步骤	工作内容	原因	处理方法
一	风机转动，但不出风或风量小	（1）电源电压异常； （2）风机反转； （3）风口有障碍物； （4）阀被异物堵塞	（1）检查处理； （2）改变接线； （3）去除障碍物； （4）取出异物

（续表）

步骤	工作内容	原因	处理方法
二	风不冷（或不热）	（1）盘管内有空气； （2）供水循环停止； （3）调节阀关闭； （4）阀被异物堵塞	（1）从排气阀排出空气； （2）检查供水隔离阀； （3）开启调节阀； （4）取出异物
三	机壳外部结露	（1）内部保温层破损； （2）机壳装配时，火焰烧损保温层； （3）冷风有泄漏； （4）室内有造成结露的条件	（1）修补保温层； （2）重新包好保温层； （3）修补，消除泄漏； （4）消除结露条件
四	有异物吹出	（1）腐蚀造成风机叶片表面有锈蚀物； （2）过滤器破损、劣化； （3）保温材料破损、劣化； （4）机组内灰尘太多	（1）更换风机； （2）更换过滤器； （3）更换保温材料； （4）清扫内部
五	漏水	（1）安装不良； （2）接水盘倾斜； （3）排水口堵塞； （4）水管有漏水处； （5）冷凝水从管子上滴下； （6）接头处安装不良； （7）排气阀忘记关闭	（1）水平安装机组； （2）调整接水盘； （3）消除堵塞物； （4）检查并更换水管； （5）检查后重新保温； （6）检查后紧固； （7）将排气阀关闭
六	有振动或杂音	（1）机组安装不良； （2）外壳安装不良； （3）固定风机的部件松动； （4）风的通路上有异物； （5）风机电动机发生故障； （6）风机叶片破损； （7）送风口百叶松动； （8）盘管内有空气； （9）冷冻水（热水）流得太快； （10）使用定量阀时，压差太大	（1）重新安装调整； （2）重新安装； （3）紧固； （4）去除异物； （5）修复或更换电动机； （6）更换叶片； （7）紧固百叶； （8）排出空气； （9）检查水的流速； （10）更换合适的定量阀
七	冷风（热风）效果不良	（1）调节阀开度不够； （2）盘管、空气滤清器堵塞； （3）供水不足或温度异常； （4）送风口、回风口有障碍； （5）温度调节不当； （6）房间内开窗或有日照	（1）重新调节开度； （2）清扫盘管和滤清器； （3）检查供水或温度； （4）消除障碍； （5）重新调整送风挡位； （6）关窗、挂窗帘

任务八：冷冻水泵及冷却水泵的检测

一、任务描述

冷冻水泵与冷却水泵是冷冻水循环、冷却水循环的动力来源，它们一旦出现故障，将会对整个水冷式中央空调产生重大影响。为了不损坏压缩机，冷冻水泵与冷却水泵都有两组并联。本任务主要对水冷式中央空调的冷冻水泵及冷却水泵进行检测。

二、任务学习目标

（1）学会拆装冷冻水泵与冷却水泵；

（2）掌握两种水泵的工作状态的判断方法；

（3）学会检测两种水泵的绝缘电阻。

三、任务前期准备

（一）工具准备

万用表、绝缘电阻表、活动扳手、螺丝刀等。

（二）劳动保护用品准备

工作服、绝缘手套、绝缘鞋、安全帽。

（三）材料准备

1. 学习资料准备

三相交流异步电机的结构与原理图。

2. 耗材与配件准备

润滑油。

（四）任务实施分工

<table>
<tr><td>组别</td><td>组长</td><td rowspan="2">组员</td><td colspan="2" rowspan="2"></td></tr>
<tr><td></td><td></td></tr>
<tr><td colspan="5">分工</td></tr>
<tr><td>测量</td><td>记录</td><td>操作</td><td>检查</td><td>拍照</td></tr>
<tr><td></td><td></td><td></td><td></td><td></td></tr>
</table>

(五) 安全注意事项

(1) 在检查水泵电机时，要切断电源，不能带电操作。

(2) 戴好手套，穿好工作服，穿好绝缘鞋，戴好安全帽。

四、任务实施

(一) 任务实施流程

步骤	工作内容	正常参数	备注
一	断开冷冻水泵与冷却水泵的电源，确保水泵电机不带电。可以使用电笔检查水泵是否带电	正常情况下，冷冻水泵与冷却水泵都处于供电状态	冷却水泵与冷冻水泵由水泵与电机构成
二	打开水泵电机接线盒，拆掉所有导线接线		对冷冻水泵与冷却水泵的检查方法一样
三	给水泵电机的外壳接上接地线	保证测量的准确性	检测绝缘电阻时需要给外壳接上地线
四	用 500 V 手摇指针式兆欧表检测电动机线圈绝缘电阻，观察电阻值是否在 0.5 MΩ 以上。分别检测相间绝缘电阻与相地绝缘电阻。 冷冻水泵相间绝缘电阻________。 冷冻水泵相地绝缘电阻________。 冷却水泵相间绝缘电阻________。 冷却水泵相地绝缘电阻________。 绝缘电阻是否满足要求：________	绝缘电阻应在0.5 MΩ 以上，使用手册要求达到 1 MΩ	在本中央空调的使用手册中，绝缘电阻要求在 1 MΩ 以上
五	检测电动机轴承是否有阻滞现象。如果有，是哪个水泵电机有阻滞现象？出现阻滞现象时，需要判断是轴承损坏还是缺少润滑油导致了阻滞现象的发生。若是轴承损坏需要更换轴承	水泵电机的轴承能够灵活转动，没有阻滞现象	
六	给水泵电机的轴承加润滑油，保证轴承运转顺畅		加普通的润滑油即可
七	检测水泵电机扇叶有无擦壳现象。用螺丝刀拨动扇叶，使其转动，观察有无擦壳现象	无擦壳现象	此处的扇叶是电机的散热扇叶
八	检查弹性联轴器是否受到腐蚀、磨损、断裂损坏。检查联轴器是否松动	正常情况是无腐蚀、无磨损、无断裂	需要检查所有的水泵电机
九	把水泵两端的蝶阀关闭。打开水泵的排水阀将内部的水排干净		把水泵与冷却水循环系统、冷冻水循环系统断开

（续表）

步骤	工作内容	正常参数	备注
十	检查水泵的密封件，密封件不能出现漏水现象，如出现需要更换。对出现漏水的水泵进行记录：________________		
十一	拆卸冷冻水泵与冷却水泵旁边的“Y”形过滤器，把内部的过滤网拆下清洗。把污垢清除干净，保证通畅后，再次装上过滤网		
十二	把水泵两边的蝶阀再次打开，保证循环管道畅通		

（二）任务实施的关键环节

序号	任务实施的关键环节描述	原因
一	在检测水泵电机的绝缘电阻时，要在断电的情况下进行，不能带电操作。同时，给水泵的外壳接地线	测量绝缘电阻时不能带电操作
二	在选择绝缘电阻表时，要注意选择 500 V 以上规格的绝缘电阻表	水泵电机工作电压是三相交流电压 380 V。
三	在清洗“Y”形过滤器时，要先打开排水阀排掉两个蝶阀之间的水，然后再拆“Y”形过滤器	降低水压后再拆，防止水乱喷
四	拆水泵时，一定要把两端的蝶阀关闭，以防冷却水或冷冻水泄漏	冷却水泵与冷冻水泵都是冷却水循环系统与冷冻水循环系统中的重要部件，这些系统中有大量的水，关闭蝶阀可防止泄漏

五、任务实施结果检查

组别	是否按照标准进行操作？	在操作过程中存在什么问题？	对存在的问题应该采取什么改进措施？

根据检测及观察到的数据，判断本次维护保养结果：

序号	出现问题的元件	可能原因	采取的措施

六、任务实施原理解释

（一）冷冻水泵与冷却水泵结构

冷冻水泵与冷却水泵结构相似，都是由三相交流电机、水泵、联轴器、接线盒等组成的。冷却水泵与冷冻水泵可分为卧式与立式两种，如图 8-1 所示。

（a）卧式　　（b）立式

图 8-1　冷却水泵与冷冻水泵

本机组使用的冷冻水泵与冷却水泵如图 8-2、图 8-3 所示。

图 8-2　冷冻水泵

图 8-3　冷却水泵

关闭蝶阀（图 8-4）时，压住手柄下方舌柄，往有齿的方向转动 90°即可。

图 8-4　蝶阀

冷冻水泵与冷却水泵的电机都是三相交流电机。它在工作时绝缘电阻需达到正常的工作要求，一般是 0.5 MΩ 以上；而实训室的水冷式中央空调的使用手册却要求 1 MΩ 以上。一般测量时，绝缘电阻都会在 500 MΩ 以上。

（二）冷却水泵与冷冻水泵所处的位置

从图 3-3、图 3-4 中可以清楚地看到冷却水泵、冷冻水泵与“Y”形过滤器的位置。对

它们进行检查时，必须把两边的蝶阀关闭，把水排掉。

（三）“Y”形过滤器

“Y”形过滤器是输送介质的管道系统不可缺少的一种过滤装置。“Y”形过滤器通常安装在减压阀、泄压阀、定水位阀或其他设备的进口端，用来清除介质中的杂质，以使阀门及设备正常使用。“Y”形过滤器（水过滤器）具有制作简单、安装清洗方便、纳污量大等优点。“Y”形过滤器作为净化设备工程中不可缺少的一款高效过滤设备，在生活废水、污水及工业污水的处理中都发挥了很大的作用，使宝贵的水资源得到了有效的重复利用。

“Y”形过滤器实物及示意图如图 8-5、图 8-6 所示。

图 8-5 “Y”形过滤器实物

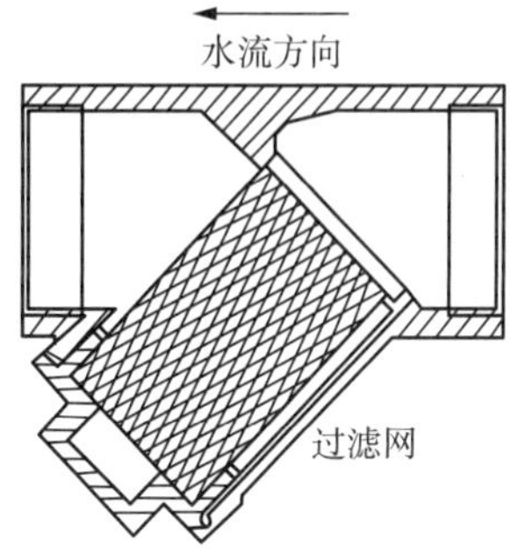

图 8-6 “Y”形过滤器示意图

当水流过“Y”形过滤器的过滤网时，会将杂质留在过滤网内，我们把过滤网拆下清洗即可。

一、三相异步电动机

作为机械设备的动力来源，三相异步电动机（图 8-7）在许多机械设备中应用广泛。

三相异步电动机工作原理及电动机电能转换为机械能的具体方法和过程如下。

电动机定子绕组通过三相交流电流产生旋转磁场，磁场的转速为 n_1。当旋转磁场的磁力线被转子导体切割时，转子导体根据电磁感应原理产生感应电动势，转子导体上有电流流动，此时也会产生磁场，根据楞次定律，转子会跟着旋转磁场转动。

图 8-7 三相异步电动机

三相异步电动机的转子转速 N 不会加速到旋转磁场的转速 n_1。电动机的旋转磁场和转子旋转之间必须有相对运动才能切割磁力线，电动机电磁转矩在旋转导体上产生感应电流和电动力，使转子继续朝旋转磁场的方向旋转。因此，$n_1 \neq N$，且 $N < n_1$。旋转磁场的转速是固定的，而转子的转速根据负载的变化而变化。

三相异步电动机的功率大，流过的电流大，一般在传动轴的另一侧装上扇叶，可以加强散热。

二、离心水泵

图 8-8　离心泵

离心水泵简称“离心泵”（图 8-8）。它是一种利用水的离心运动的抽水机械，由泵壳、叶轮、泵轴、泵架等组成。启动离心泵前应先往泵里灌满水，启动后旋转的叶轮带动泵里的水高速旋转。水做离心运动，向外甩出并被压入出水管。水被甩出后，叶轮附近的压强减小，在转轴附近就形成一个低压区。这里的压强比大气压低得多，外面的水就在大气压的作用下，冲开底阀从进水管进入泵内。冲进来的水在随叶轮的高速旋转中又被甩出，并被压入出水管。叶轮在动力机带动下不断高速旋转，水就源源不断地从低处被抽到高处。

离心水泵要实现抽水，必须有动力带动。一般用三相异步电动机带动，它们之间使用联轴器相连。

任务九：冷却塔的维护与保养

一、任务描述

本任务主要是针对水冷式中央空调的冷却塔进行常规的维护与保养。该水冷式中央空调的型号是美的中央空调 LSBLG255/M（Z）水冷螺杆式冷水机组。本任务主要检查风扇、风扇轴承、布水器、补水浮球阀、冷却塔（包括填料、集水槽）、冷却塔水位、冷却塔盘等。

二、任务学习目标

（1）学会冷却塔的常规检查方法；

（2）掌握冷却塔清洁的方法以及检查各种参数的方法；

（3）掌握根据不同的检测项目采取不同的安全措施的方法。

三、任务前期准备

（一）工具准备

（1）检查风扇电机的绝缘性时用到 500 V 摇表；

（2）清洁冷却塔外表时用到高压水枪；

（3）登高操作时用到安全带及防坠器。

（二）劳动保护用品准备

工作服、安全帽、工作手套、安全带、防坠器。

（三）材料准备

1. 学习资料准备

（1）中央空调的冷却塔结构图；

（2）中央空调的结构示意图。

2. 耗材与配件准备

（1）耗材：阻垢缓蚀一体剂 1 瓶，杀菌灭藻剂 1 瓶。

（2）配件：皮带、螺丝钉。

（四）任务实施计划

<table>
<tr><td>组别</td><td>组长</td><td rowspan="2">组员</td><td colspan="2" rowspan="2"></td></tr>
<tr><td></td><td></td></tr>
<tr><td colspan="5">分工</td></tr>
<tr><td>测量</td><td>记录</td><td>操作</td><td>检查</td><td>拍照</td></tr>
<tr><td></td><td></td><td></td><td></td><td></td></tr>
</table>

（五）安全注意事项

（1）戴好手套，防止手部在检测过程中受伤；

（2）戴好安全帽，防止在走动时碰伤头部；

（3）穿好工作服，培养职业素养。

四、任务实施

（一）任务实施流程

步骤	工作内容	正常参数	备注
一	风扇的清洁：用肉眼观察扇叶等有无积尘。 是否发现积尘：________。 风扇如下图所示： 此风扇是从冷却塔内部角度拍摄的，可以看到几个大叶片及转动轴。若扇叶有积尘，应清除掉	风扇洁净无尘	
二	检查风扇运转是否正常。若否，则更换轴承。 观察风扇运转时，是否有不正常的振动和噪声。若有，则进一步检查轴承是否松动等。 有无特别尖锐的声音：________。 有无其他明显的噪声：________。 注意：检查风扇的电机时，要到冷却塔顶部进行。在登上冷却塔顶部时，要系好安全带，挂好防坠器。 防坠器如下图所示： 防坠器上的钩子要钩到工作人员安全带的绳子根部，若工作人员坠落，防坠器能够及时防止工作人员坠落	正常情况下，风扇运转时声音平稳，没有不正常的振动和噪声	

（续表）

步骤	工作内容	正常参数	备注
三	检查风扇电机的绝缘情况：用500 V摇表检测风扇电机线圈，其绝缘电阻应不低于0.5 MΩ，否则应整修处理。检查电容有无变形、鼓胀或开裂，若有则应更换同规格电容；检查各接线头是否牢固，是否有过热痕迹，若有则做相应整修。 风扇电机线圈绝缘电阻：________	正常情况下，风扇电机线圈绝缘电阻应不低于0.5 MΩ	
四	检查皮带是否正常，磨损是否严重，有无开裂，皮带是否太松，若是则应调整；检查皮带轮与轴配合是否松动，若是则应整修。 皮带磨损是否严重：________。 皮带有无开裂：________。 皮带是否太松：________。  检查皮带时要把上方的保护罩打开	正常情况下，皮带无磨损、无开裂，皮带轮与轴配合无松动	
五	检查布水器布水是否均匀，否则应清洁管道及喷嘴。 布水器布水是否均匀：________。 布水器喷嘴是否堵塞：________	正常情况下，布水器布水均匀	
六	检查补水浮球阀是否正常，补水浮球阀动作是否可靠，否则应修复（不定期）。 补水浮球阀是否正常工作：________ 		

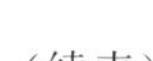

（续表）

步骤	工作内容	正常参数	备注
七	检查并清洗冷却塔（包括填料、集水槽）。 集水槽是否有污垢：________。 用高压水枪进行冲刷，把污垢冲刷干净。 内部填料如下图所示： 它是蜂窝状的塑料片。 冷却塔边沿水槽充满了污垢，如下图所示： 这是长期未清洗的结果。需要用高压水枪把这些污垢冲刷干净		
八	清洁整个冷却塔外表。 冷却塔外表是否有积尘：________。 用高压水枪进行冲刷，把污垢冲刷干净		
九	定期取水样化验。对于水质不合格的，投药软化处理。 日常定期投加杀菌灭藻剂等水处理药剂。 水质是否合格：________。 投入的药剂主要有两种。 一种是阻垢缓蚀一体剂。 另一种是杀菌灭藻剂。	正常情况下，冷却水系统中的水质应该合格，没有藻类、不长青苔	阻垢缓蚀一体剂用于阻止管道内部结垢和减缓腐蚀。杀菌灭藻剂主要用于杀灭冷却水中的菌类及藻类，防止冷却水系统中藻类植物生长，因为藻类植物会堵塞管道。

（续表）

步骤	工作内容	正常参数	备注
十	检查冷却塔水位是否正常，有无溢水现象。 冷却塔水位是否正常：________。 冷却塔是否溢水：________		
十一	检查冷却塔盘有无漏水现象，若有需要做好记号，排水并做修补处理。 冷却塔盘有无漏水现象：________		

（二）任务实施的关键环节

序号	任务实施的关键环节描述	原因
一	在常规检查之前提前 4 h 给主机供电	保证压缩机的冷冻油能够被加热到正常值，这有利于主机启动
二	根据检查内容、所需条件及侧重点的不同，对冷却塔的检查工作可分为启动前的检查与准备工作、启动检查工作和运行检查工作 3 个部分	因为有些检查内容必须在冷却塔“动起来了”的情况下，才能看出是否有问题
三	在清洗冷却塔时，是不必启动冷却塔的。在清洗结束及投放药水后，需要启动并观察整个制冷系统能否正常工作	清洗时，若有工作人员在冷却塔内部，不能开启冷却水循环系统。若开启，会对工作人员产生威胁，同时会把污垢带到整个冷却水循环中

五、任务实施结果检查

组别	是否按照标准进行操作？	在操作过程中存在什么问题？	对存在的问题应该采取什么改进措施？

根据检测及观察到的数据，判断本次维护保养结果：

序号	存在异常的数据	可能原因	采取的措施

（续表）

序号	存在异常的数据	可能原因	采取的措施

六、任务实施原理解释

中央空调冷却水循环系统由冷却水泵、冷却水管道、冷却水塔及冷凝器等组成。中央空调冷却水循环系统在空调工况下大量使用时，只需要补充少量补给水，但需要增加循环水泵和冷却设备等，系统比较复杂，常在水源水量较小、水温较高时使用。其形式有敞开式和密闭式两种。敞开式冷却水循环系统是指冷却水经过冷却塔与空气直接接触被冷却，再返回系统循环使用的水系统，它以效果好、造价低而被广泛应用于工程中。但在敞开式冷却水循环系统实际运行过程中，循环冷却水经逐渐蒸发后浓缩，水中钙离子、藻类、悬浮物浓度逐渐增加，经风吹日晒，空气中的粉尘、杂物、可溶性气体污染使水质发生很大的变化，致使系统结垢、腐蚀和微生物大量繁殖生长，系统热阻增大，热交换率降低，设备腐蚀及寿命缩短。故我们应对冷却水循环系统进行保养，确保冷却水循环系统的水质达到要求。

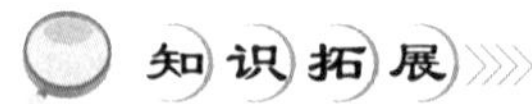

中央空调系统常用人工冷却方式，其可分为水冷方式和风冷方式两种。从制冷剂的冷却效能来看，水冷方式比风冷方式优越。水冷式系统通常采用开式循环形式，由此构成的循环冷却水系统需要配置循环水泵、开放式冷却塔和相应的管道、附件等。携带热量的冷却水在开放式冷却塔中与空气进行热交换，将热量传输给空气并散入大气环境中。

关于用来降低制冷机所需冷却水温度的散热装置，我们采用最多的是机械抽风逆流式圆形冷却塔，其次是机械抽风横流式（又称直交流式）矩（方）形冷却塔。这两种冷却塔在运行管理方面的要求大同小异。

一、检查工作

根据检查内容、所需条件及侧重点的不同，对冷却塔的检查工作可分为启动前的检查与准备工作、启动检查工作和运行检查工作三个部分。

（一）启动前的检查与准备工作

（1）由于冷却塔均由出厂散件在现场组装而成，因此要检查所有连接螺栓的螺母是否松动。

（2）由于冷却塔均放置在室外暴露场所，而且出风口和进风口都很大，虽然有的加设了防护网，但网眼仍很大，难免有树叶、废纸、塑料袋等杂物在停机时从进风口、出风口进入冷却塔内，因此要清除杂物。

（3）如果使用传动带减速装置，要检查传动带的松紧度是否合适，以及几根传动带的松

紧度是否相同。

(4) 如果使用齿轮减速装置，那么我们要检查齿轮箱内润滑油是否被充注到规定的油位上。

(5) 检查集水盘（槽）是否漏水，以及各手动水阀开关是否灵活，各手动水阀是否被设置在要求的位置上。

(6) 拨动风机叶片，看其旋转是否灵活，有没有与其他物件相碰撞，有问题及时解决。

(7) 检查风机叶片尖与塔体内壁的间隙，该间隙要均匀合适，其值不宜大于 $0.008D$（D 为风机直径）。

(8) 检查圆形冷却塔布水装置的布水管管端与塔体的间隙，该间隙以 20 mm 为宜，而布水管的管底与填料的间隙则不宜小于 50 mm。

(9) 开启手动补水管的阀门，与自动补水管一起将冷却塔集水盘（槽）中的水尽量注满（达到最高水位），以备冷却塔填料由干燥状态到正常润湿工作状态多耗水量之用。

（二）启动检查工作

启动检查工作是启动前检查与准备工作的延续，因为有些检查内容必须在冷却塔“动起来了”的情况下才能看出是否有问题，其主要检查内容如下。

(1) 点动风机，看其叶片在俯视时是否沿顺时针方向转动，而风应是由下向上吹的，如果反了要调过来。

(2) 短时间内启动水泵，看圆形冷却塔的布水装置（又称为配水、洒水或散水装置）在俯视时是否沿顺时针方向转动，转速是否在规定的范围内。

(3) 通过短时间内启动水泵，可以检查水系统的出水管部分是否充满了水。若没有，则连续几次间断地短时间内启动水泵，以排出空气，让水充满出水管。

(4) 短时间内启动水泵时还要注意检查集水盘（槽）内的水是否出现抽干现象。

(5) 通电检查供水、回水管上电磁阀的动作是否正常，若不正常要进行修理或更换。

（三）运行检查工作

运行检查工作的内容，既是启动前和启动检查工作的延续，又可以作为冷却塔日常运行时的常规检查项目，这要求运行值班人员要经常给予检查。

(1) 检查圆形冷却塔布水装置的转速是否稳定、均匀。

(2) 检查圆形冷却塔布水装置的转速是否减慢或是否有部分出水孔不出水。

(3) 检查浮球阀开关是否灵敏，集水盘（槽）中的水位是否合适。

(4) 对于矩（方）形冷却塔，要经常检查配水槽（又称为散水槽）内是否有杂物堵塞散水孔，如果有堵塞现象要及时消除。

(5) 检查塔内各部位是否有污垢形成或微生物繁殖，特别是检查填料和集水盘（槽）。若有污垢或微生物附着，则要分析原因，并相应地做好水质处理和清洁工作。

(6) 注意倾听冷却塔工作时的声音，检查是否有异常噪声和振动。

(7) 检查布水装置、各管道的连接部位、阀门是否漏水。

(8) 对使用齿轮减速装置的，要注意检查齿轮箱是否漏油。

(9) 注意检查风机轴承的温度，一般不大于 35 ℃，最高温度为 70 ℃。查看有无明显的漂水现象，若有则及时查明原因并予以消除。

二、清洁工作

(1) 外壳的清洁。目前常用的是圆形和矩（方）形冷却塔，包括那些在出风口和进风口加装了消声装置的冷却塔，其外壳都是采用玻璃钢或高级 PVC 材料制成的，能抵抗太阳紫外线和化学物质的侵蚀，密实耐久，不易褪色，表面光亮，无须另刷油漆作保护层。

(2) 填料的清洁。填料作为空气与水在冷却塔内进行充分热湿交换的媒介，通常是由高级 PVC 材料加工而成的，属于塑料一类，很容易清洁。

(3) 集水盘（槽）的清洁。集水盘（槽）中若有污垢或微生物积存，最容易被发现，采用刷洗的方法就可以很快使其干净。

(4) 圆形冷却塔布水装置的清洁。对圆形冷却塔布水装置的清洁工作，重点应放在有众多出水孔的几根支管上，要把支管从旋转头上拆卸下来仔细清洗。

(5) 矩（方）形冷却塔配水槽的清洁。当矩（方）形冷却塔配水槽需要清洁时，我们可以采用刷洗的方法。

(6) 吸声垫的清洁。由于吸声垫材质是疏松纤维，长期浸泡在集水盘中其表面很容易附着污物，因此需用清洁剂配合高压水枪进行冲洗。

三、定期维护保养工作

(1) 通风装置的紧固情况一周检查一次。

(2) 风机传动带两周检查一次，调节松紧度或进行损坏更换。

(3) 两周检查一次风机叶片与轮毂的连接紧固情况及叶片角度变化情况。

(4) 布水装置一般一个月清洗一次，要注意布水的均匀性，发现问题及时调整。

(5) 填料一般一个月清洗一次，发现有损坏的要及时填补或更换。

(6) 一般一个月清洗一次集水盘和出水口过滤网。

(7) 减速箱中的油位一个月检查一次，若达不到规定位置要及时加油；此外，每 6 个月检查一次油的颜色和黏度，若达不到要求则必须更换。

(8) 风机轴承使用的润滑脂一年更换一次。

(9) 电动机的绝缘情况一年检查一次。

(10) 冷却塔的各种钢结构件需要刷防腐漆，两年进行一次除锈刷漆工作。

任务十：补水水箱检查保养

一、任务描述

本任务主要是针对水冷式中央空调的主机系统进行常规的检查与保养。该水冷式中央空调的型号是美的中央空调 LSBLG255/M（Z）水冷螺杆式冷水机组。本任务主要是检查补水水箱是否干净整洁，水箱浮球阀动作是否灵敏。

二、任务学习目标

（1）学会水箱的清洁方法；

（2）理解水箱浮球阀的工作原理；

（3）掌握检查水箱浮球阀动作灵敏度及是否漏水的方法。

三、任务前期准备

（一）工具准备

检测水箱浮球阀灵敏度时用到活动扳手。

（二）劳动保护用品准备

工作服，安全帽，安全带，工作手套。

（三）材料准备

1. 学习资料准备

（1）水箱清洁视频；

（2）水箱浮球阀结构。

2. 耗材与配件准备

（1）耗材：杀菌灭藻剂 1 瓶，除污剂 1 瓶，灭菌灭藻药片 1 包，抹布，清洁剂。

（2）配件：无。

（四）任务实施分工

<table>
<tr><td>组别</td><td>组长</td><td rowspan="2">组员</td><td rowspan="2"></td></tr>
<tr><td></td><td></td></tr>
</table>

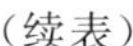

（续表）

分工				
测量	记录	操作	检查	拍照

（五）安全注意事项

（1）戴好工作手套，防止手部在检测过程中受伤；

（2）戴好安全帽，防止在走动时碰伤头部；

（3）系好安全带，高空作业时保证安全；

（4）穿好工作服，培养职业素养。

四、任务实施

（一）任务实施流程

步骤	工作内容	正常参数	备注
一	把进出水箱的阀门关闭，并打开排水阀把水箱中的水排干净，用铲子、刷子刷洗水箱内部，并用水冲干净，再通过排水阀把水排出。 检查出水口是否堵塞：________。水箱底是否有淤泥：________。是否有藻类：________。清洁后投入灭菌灭藻药片	因水箱中的水与空气接触，故水箱内会滋生藻类、细菌等微生物，其死后的尸体、淤泥或油污等杂质黏附在一起，附着在水箱上，影响水的质量和换热性能	
二	加杀菌灭藻剂、除污剂浸泡 5～6 h，并通过排水阀把污水排干净		
三	检测水箱浮球阀是否能自动关闭：________。 浮球阀开度是否合适：________	正常情况下，当水箱水位低时，浮球随着水位降低，通过固定浮球的连杆带动阀体内的活塞往外拉，使自来水进入水箱。 当水面上涨时，浮球也跟着上升，从而带动连杆也上升。连杆与另一端的阀门相连，当上升到一定位置时（水面淹没浮球），连杆支起活塞垫，停止进水	
四	对水箱外表面进行清洁。使用高压水枪进行冲洗	水箱外表面无污垢	
五	恢复所有的阀门		

（二）任务实施的关键环节

序号	任务实施的关键环节描述	原因
一	清洗结束后，投入灭菌灭藻药片，保证无藻无菌滋生	有藻有菌容易造成管道堵塞
二	检测水箱浮球阀时，确保水箱浮球阀是正常工作的，没有损坏	水箱浮球阀是一种机械结构，能够根据水位自动补水，若损坏则不能自动补水，造成水箱水量过大或过小

五、任务实施结果检查

组别	是否按照标准进行操作？	在操作过程中存在什么问题？	对存在的问题应该采取什么改进措施？

根据检测及观察到的数据，判断本次维护保养结果：

序号	存在异常的数据	可能原因	采取的措施

六、任务实施原理解释

（一）水箱

水箱的作用是给冷冻水系统补水及使系统中的水膨胀时回吐。水箱内的水质很难稳定，细菌、藻类滋生较快。若水箱是铁质材料，还会产生铁锈。每次补水和加冷冻水处理药剂时，必须清洗膨胀水箱。

操作步骤如下：

（1）打开排污阀，将水箱内的水排完；

（2）用铲子、刷子将水箱内外清洗干净；

（3）加杀菌灭藻剂、除污剂浸泡 5～6 h；

（4）从水箱中排出污水；

（5）将全部阀门复原，清理现场。

（二）水箱浮球阀

水箱浮球阀由阀体、活塞、连杆和浮球等构成，应用杠杆原理工作。当水箱水位低时，浮球随水位降低，通过固定浮球的连杆带动阀体内的活塞往外拉，使阀体和活塞之间产生空缺，使自来水进入水箱。当水箱水位到设定的高度时，浮球随水位上升所产生的力通过连杆把阀体内的活塞往阀体内推；由于活塞的顶端安装有密封橡胶垫圈，阀体内的出水口又加工得比较平整、光滑，当浮球的浮力超过自来水压力时，安装有密封橡胶垫圈的活塞与阀体内的出水口被顶紧密封，自来水也就被水箱浮球阀关闭了。当水位下降时，浮球也下降，连杆又带动活塞开启。水箱浮球阀工作原理如图 10－1 所示。

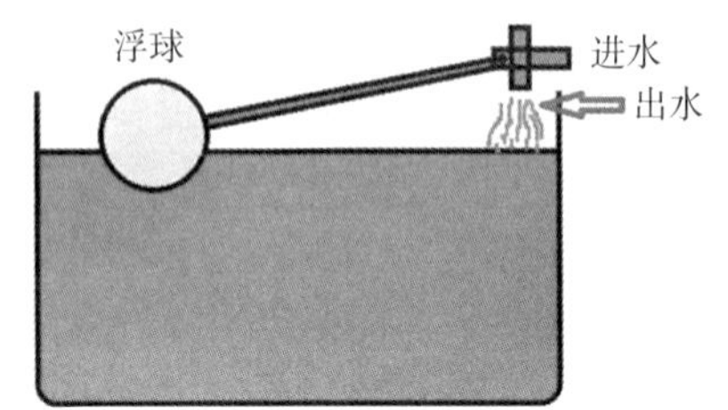

图 10－1　水箱浮球阀工作原理

知识拓展

在闭式循环的空调水系统中，膨胀水箱可以容纳水受热膨胀后多余的体积，解决系统的定压问题，向系统补水。膨胀水箱的设计往往和配管联系在一起，作为中央空调末端设计的重要组成部分。下面详细分析一下膨胀水箱的设置和配管中出现的问题，以供参考。

一、膨胀水箱的容积和选型

对于普通的高层民用建筑，若以系统的设计冷负荷 Q_o 为基础，则系统的单位水容量为 2～3 L/kW。当采用双管制系统时，若水的最低工作温度为 7 ℃，最高工作温度为 65 ℃，则膨胀水箱的有效膨胀容积可采用简化的估算方法计算：

$$V=\alpha \cdot \Delta t \cdot V_s$$

式中，V 为膨胀水箱有效容积，单位为 m^3；α 为水的体积膨胀系数，$\alpha=0.0006$，单位为 1/℃；Δt 为系统内最大水温变化值；V_s 为系统内的水容量，单位为 m^3；Q_o 为制冷量，单位为 kW。

根据上式可得

$$V=0.0006\times(65-7)\times(2\sim3)Q_o(\mathrm{L})\approx(0.07\sim0.1)Q_o$$

如美的中央空调 LSBLG 255/M（Z）制冷量为 253 kW，代入上式：

$$V=(0.07\sim0.1)\times253=17.7\sim26.4\ (\mathrm{L})$$

二、膨胀水箱的设置及其配管

膨胀水箱的安装高度应至少高出系统最高点 0.5 m（通常取 1.0～1.5 m）。安装水箱时，

下部应做支座，支座长度应超出底板100～200 mm，其高度应大于300 mm。支座材料可用方木、钢筋混凝土或砖，安装水箱间外墙时应考虑安装时预留的空间。

膨胀水箱上的配管有膨胀管、信号管、溢水管、排水管和循环管等。膨胀水箱结构如图10－2所示。从信号管至溢水管之间的膨胀水箱容积，就是有效膨胀容积。

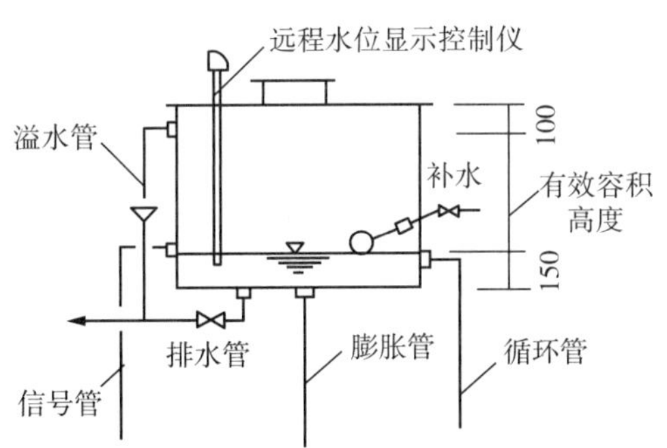

图10－2　膨胀水箱结构

膨胀管：原则上应接至循环水泵吸入口前的回水管路上，通常接到集水器上。

信号管：应将它接至制冷机房内的洗手盆处，信号管上应安装阀门。

溢水管：当系统内水的体积膨胀超过水箱内的溢水管口时，水会自动溢出。溢水管上不许安装阀门。

排水管：在清洗水箱并将水箱放空时，排水管上应安装阀门。

通常将溢水管和排水管连在一起，将水排至附近的下水道或屋顶上。

循环管：在寒冷地区为防止膨胀水箱内水结冻而设置的。当水箱内水没有结冻可能时，可不设循环管。特别是在高层建筑中，膨胀水箱和生活给水水箱通常被设在屋顶水箱间，并对水箱进行保温，因此无结冻可能。

三、膨胀水箱的补水方式

膨胀水箱的补水方式有两种。

(1) 浮球阀自动补水：当所在地区生活给水水质较软且制冷装置对冷媒水水质无特殊要求时，可利用屋顶生活给水水箱，通过浮球阀直接向膨胀水箱补水。这时，膨胀水箱比生活给水水箱低一定的高度。

(2) 高低水位控制器补水：当所在地区生活给水水质较硬且制冷装置（例如，溴化锂吸收式冷温水机组）要求冷媒水必须是软化水时，应在膨胀水箱内设置高低水位传感器来控制软化水补水泵的启动或关停。一旦水位低于信号管，补水泵会自动向系统补水。这种方式要有一套软化水处理设备。来自补水泵的补水管可以接到集水器上，也可以接到冷媒水循环泵的吸入口前。

任务十一：检查保温层

一、任务描述

保温层主要作用是防止在管道传输过程中对外散热或吸热，造成输送的冷量或热量损失。本任务是对冷冻水管路、送冷风管路系统和风机盘管的保温层进行检查及修复。

二、任务学习目标

（1）能正确认识保温层的作用；

（2）具备解决保温层常见问题的能力。

三、任务前期准备

（一）工具准备

（1）黏结剂失效时用到保温层黏结剂。

（2）更换保温层时用到剪刀。

（二）劳动保护用品准备

工作服，安全帽，安全带，工作手套。

（三）材料准备

1. 学习资料准备

中央空调空气循环布置图。

2. 耗材与配件准备

保温材料。

（四）任务实施分工

<table>
<tr><td>组别</td><td>组长</td><td rowspan="2">组员</td><td colspan="2" rowspan="2"></td></tr>
<tr><td></td><td></td></tr>
<tr><td colspan="5">分工</td></tr>
<tr><td>测量</td><td>记录</td><td>操作</td><td>检查</td><td>拍照</td></tr>
<tr><td></td><td></td><td></td><td></td><td></td></tr>
</table>

（五）安全注意事项

（1）戴好手套，防止手部在检测过程中受伤；

（2）戴好安全帽，防止在走动时碰伤头部；

（3）系好安全带，高空作业时保证安全；

（4）穿好工作服，培养职业素养。

四、任务实施

（一）任务实施流程

步骤	工作内容	正常参数	备注
一	从水冷机组的蒸发器端沿着管道检查，一直检查到末端，再从末端检查到蒸发器端。如果发现保温层脱落、损坏、开裂，要使用新的保温材料修补好。不能出现管道裸露的情况。 检查冷冻水管保温层是否破损：________。观察保温层是否脱离管壁：________。检查保湿层是否受潮：________。检查是否滴水：________	正常情况下，保温层紧贴管壁，无受潮或滴水现象	保温层的好坏直接影响到制冷与制热的效果及能耗
二	检查空气循环系统中冷风管路的保温层有无脱落、破损、开裂的情况。若有，要修补完好。检查风机盘管部分的保温层保温情况，发现问题同样需要修补完好。 检查送冷风管及风机盘管路的保温层是否破损：____________。观察保温层是否脱离管壁：________。检查保湿层是否受潮：________	正常情况下，保温层紧贴管壁，干燥	

（二）任务实施的关键环节

序号	任务实施的关键环节描述	原因
一	每一处都要仔细观察到位，有些地方比较隐蔽，不易观察	确保每一处的保温层都没有开裂、破损
二	检查或更换保温层时佩戴好手套，穿好工作服	避免维护保养人员受伤
三	在检查高处的保温层时，要系好安全带，以防跌落	保护人身安全

五、任务实施结果检查

组别	是否按照标准进行操作？	在操作过程中存在什么问题？	对存在的问题应该采取什么改进措施？

根据检测及观察到的数据，判断本次维护保养结果：

序号	存在异常的数据	可能原因	采取的措施

六、任务实施原理解释

保温层常见问题和故障的分析与解决方案。

位置	问题或故障	原因分析	解决方法
冷冻水管路	保温层受潮或滴水	（1）被保温管道漏水； （2）保温层或防潮层破损	（1）先解决漏水问题，再更换保温层； （2）受潮和含水局部全部予以更换
送冷风管系统路和风机盘路	保温层脱离管壁	（1）黏结剂失效； （2）保温钉从管壁上脱落	（1）重新粘贴牢固； （2）拆下保温棉，重新粘牢保温钉后再包保温棉
	保温层受潮	（1）被保温风管漏风； （2）保温层或防潮层破损	（1）先解决漏风问题，再更换保温层； （2）受潮或含水局部全部予以更换

知识拓展

对于中央空调送风管，回风管，冷水、热水供水、回水管，制冷剂管道，凝水管，膨胀水箱，储热（冷）水箱，热交换器，电加热器等有冷、热损失或有结露可能的设备，材料和部件均需绝热保温。

一、中央空调常用管道保温厚度数据表

各管道保温厚度数据表见表 11－1～表 11－7 所列。

表 11－1　冷冻水管道（≥5 ℃）保温厚度数据表　　单位：mm

位置	柔性泡沫橡塑管壳		玻璃棉管壳	
	管道公称直径	厚度	管道公称直径	厚度
房间吊顶内、机房	15～25	25	15～25	25
	32～80	30	32～80	30
	≥100	35	≥100	35

（续表）

位置	柔性泡沫橡塑管壳		玻璃棉管壳	
	管道公称直径	厚度	管道公称直径	厚度
室外	15～25	35	15～25	30
	32～80	40	32～80	35
	≥100	50	≥100	40

表 11－2　热水、冷热合用管（5～60 ℃）保温厚度数据表　　单位：mm

位置	柔性泡沫橡塑管壳		玻璃棉管壳	
	管道公称直径	厚度	管道公称直径	厚度
房间吊顶内、机房	≤50	30	≤40	35
	70～150	30	50～100	40
	≥200	35	125～250	45
			≥300	50
室外	≤50	35	≤40	40
	70～150	35	50～100	45
	≥200	40	125～250	50
			≥300	55

表 11－3　热水、冷热合用管（0～95 ℃）保温厚度数据表　　单位：mm

位置	聚氨酯硬质泡沫（直埋）		玻璃棉管壳	
	管道公称直径	厚度	管道公称直径	厚度
房间吊顶内、机房	≤32	30	≤50	50
	40～200	35	70～150	60
	≥250	45	≥200	70
室外	≤32	35	≤50	60
	40～200	40	70～150	70
	≥250	50	≥200	80

表 11－4　蓄冰管道（≥－10 ℃）保温厚度数据表　　单位：mm

位置		柔性泡沫橡塑	聚氨酯发泡
室内	15～40	35	30
	50～100	40	40
	≥125	50	50
	板式换热器	35	—
	槽、罐	60	50

（续表）

位置		柔性泡沫橡塑	聚氨酯发泡
室外	15～40	40	40
	50～100	50	50
	≥125	60	60
	槽、罐	70	70

表 11－5　空调凝结水管道保温厚度数据表　　单位：mm

位置	柔性泡沫橡塑管壳	玻璃棉管壳
空调房间吊顶内	10	10
非空调房间内	15	15

表 11－6　空调风管道保温厚度数据表　　单位：mm

	位置	柔性泡沫橡塑板	玻璃棉板、毡
送风温度≥14 ℃	非空调房间内	20	40
	空调房间内	20	30
送风温度≥4 ℃	非空调房间内	25	50
	空调房间内	25	40

表 11－7　冷媒管道（分体空调）保温厚度数据表　　单位：mm

安装说明	要求的保温层的最小厚度
通过空调空间	19
通过非空调空间	19
贯穿浴室吊顶空间	25

二、导热系数

导热系数是指在稳定传热条件下，1 m 厚的材料两侧表面的温差为 1 ℃，在 1 s 内通过 1 m^2 面积传递的热量（用 λ 表示），单位为瓦/米·度，即 W/（m·k）［W/（m·K），此处的 K 可用℃代替］。

三、保温材料

保温材料（thermal insulation materials）一般是指导热系数小于或等于 0.12 的材料。保温材料发展很快，在工业和建筑中采用良好的保温技术与材料，往往可以起到事半功倍的效果。

保温材料按照材料成分，可分为有机隔热保温材料、无机隔热保温材料和金属类隔热保温材料；按照材料形状，可分为松散隔热保温材料、板状隔热保温材料和整体保温隔热材料；按照不同容重，可分为重质 400～600 kg/m^3、轻质 150～350 kg/m^3 和超轻质小于 150 kg/m^3 三类；按照适用温度范围，可分为高温用（700 ℃以上）、中温用（100～700 ℃）和低温用（小于 100 ℃）三类；按照不同形状，可分为粉末类、粒状类、纤维状类、块状类等，又可分

为多孔类、矿物纤维类和金属类等；按照不同施工方法，可分为湿抹式、填充式、绑扎式、包裹缠绕式等。

（一）有机隔热保温材料

（1）有机隔热保温材料主要有聚氨酯泡沫、聚苯板、酚醛泡沫等。

（2）有机隔热保温材料具有质量小、可加工性好、致密性高、保温隔热效果好等优点，但也有缺点：不耐老化，变形系数大，稳定性差，安全性差，易燃烧，生态环保性很差，施工难度大，工程成本较高，其资源有限，且难以循环再利用。

（3）传统的聚苯板、无机保温板具有优异的保温效果，在中国的墙体保温材料市场中被广泛使用，但是不具备安全的防火性能，尤其是燃烧时产生毒气。

（4）经济性：综合造价低。

（二）无机隔热保温材料

（1）无机隔热保温材料主要集中在玻璃棉、岩棉、膨胀珍珠岩、微纳隔热板、气凝胶毡、发泡水泥、无机活性墙体保温材料等具有一定保温效果的材料，能够达到A级防火要求。

（2）岩棉的生产对人体有害，工人不愿施工，而且岩棉建厂的周期长，从建厂到可生产大约需要2年的时间。国内市场岩棉的供应量也达不到使用的要求。

（3）膨胀珍珠岩的质量大，吸水率高。膨胀珍珠岩由于原料来源广泛，生产设施简单，对人体无害，相信在以后可以作为主要的材料来使用。

（4）微纳隔热板的保温性能是传统保温材料的3～5倍，常用于高温环境下，但价格较贵。

（5）气凝胶毡是建筑A1级无机防火材料，常温导热系数为0.018 W/（K·m），且绝对防水，其保温性能是传统材料的3～8倍，可取代玻璃纤维制品、石棉保温毡、硅酸盐制品等不环保、保温性能差的传统柔性材料。

（6）2011年3月，公安部规定使用A级不燃材料作为保温系统材料，未来最多可以放宽到B1级防火材料，无机保温材料的发展前景还是很好的。

任务十二：压缩机检查

一、任务描述

本任务主要是针对水冷式中央空调的压缩机进行常规的维护与保养。该水冷式中央空调的型号是美的中央空调 LSBLG255/M（Z）水冷螺杆式冷水机组。本任务主要检查压缩机绝缘电阻、运行电流、油压、油温等，确保压缩机处于正常的工作状态。

二、任务学习目标

（1）学会测量螺杆式压缩机绝缘电阻的方法；

（2）掌握测量压缩机运行电流的方法；

（3）掌握检测压缩机保护元件的方法。

三、任务前期准备

（一）工具准备

（1）测量压缩机绝缘电阻时用到 500 V 绝缘电阻表、验电笔。

（2）检测压缩机温度时用到红外温度计。

（3）检查压缩机运行电流时用到钳形电流表。

（二）劳动保护用品准备

工作服，安全帽，工作手套。

（三）材料准备

1. 学习资料准备

（1）中央空调的装配图；

（2）中央空调的结构示意图。

2. 耗材与配件准备

无。

（四）任务实施分工

<table>
<tr><td>组别</td><td>组长</td><td rowspan="2">组员</td><td rowspan="2"></td></tr>
<tr><td></td><td></td></tr>
</table>

（续表）

分工				
测量	记录	操作	检查	拍照

（五）安全注意事项

（1）戴好手套，防止手部在检测过程中受伤；

（2）戴好安全帽，防止在走动时碰伤头部；

（3）穿好工作服，培养职业素养。

四、任务实施

（一）任务实施流程

步骤	工作内容	正常参数	备注
一	检查压缩机的绝缘电阻。首先把电源断开，并锁好控制柜，以防别人意外合闸。挂好警示牌。 （1）把压缩机的接线盒打开，观察接线的情况。 （2）用验电笔对压缩机的接线端子进行验电，确保压缩机的接线端子没有电。 （3）用扳手把压缩机的接线端子拆下来。 （4）检查绝缘电阻表是否完好，确保完好才能进行测量。 （5）对压缩机进行相间绝缘电阻的测量及相地间绝缘电阻的测量。 （6）对压缩机的绝缘电阻检测完毕后，恢复压缩机的原来接线。暂不安装接线盒。 绝缘电阻检测数值如下。 WV 相：________。 UV 相：________。 WU 相：________。 U 相对地：________。 W 相对地：________。 V 相对地：________。 压缩机的绝缘电阻是否合格：________	根据水冷式中央空调的使用手册，可知：设备绝缘电阻测试应在设备电路无电情况下进行，测试设备绝缘电阻时，用电压等级为 500 V 的兆欧表（绝缘电阻表）测量设备壳体与可带电端子间、相与相之间绝缘电阻，绝缘电阻按使用手册要求为 1 MΩ 以上	在使用绝缘电阻表之前要检查它是否有合格证，外观是否良好，摇柄是否转动顺畅，表头指针是否能够摆动，接线端子处接线是否正确。除了以上这些之外，还要对表的电气性能进行检测，即开路试验与短路试验，确保绝缘电阻表完好

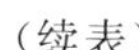

（续表）

步骤	工作内容	正常参数	备注
二	开启水冷式中央空调，并在主机控制柜中，设置中央空调为启动状态。等待压缩机启动后，测量压缩机的运行电流。使用钳形电流表进行测量。压缩机使用的是三相交流电，线电压是 380 V。在进行测量时，对每一相都要进行测量。 U－V 相线电压：________ V。 U－W 相线电压：________ V。 W－V 相线电压：________ V。 U 相运行电流：________ A。 V 相运行电流：________ A。 W 相运行电流：________ A	由螺杆式压缩机铭牌上的参数可知，它的额定功率是 53.6 kW。根据使用手册可知，机组额定电流是 94 A，机组最大运行电流是 126 A，压缩机启动电流是 230 A	必须在压缩机启动后进行测量。测量时，工作人员要戴好绝缘手套，防止触电
三	检测压缩机的冷冻油压。 压缩机的冷冻油压：________		
四	压缩机正常工作 1 h 后，检查压缩机的外壳温度，温度值：________	正常情况下，外壳温度在 850 ℃以下	使用红外温度计测量，该温度只起参考作用
五	检测压缩机的吸气压力与排气压力。可通过主机控制面板来观察。 吸气压力（低压压力）：________ MPa。 排气压力（高压压力）：________ MPa。 使用压力表在主机上检测口处进行测量。测得的值是实际值。 吸气压力（低压压力）：________ MPa。 排气压力（高压压力）：________ MPa	正常情况下，可以通过主机控制面板看到高压压力与低压压力。若使用 R22 的系统，高压压力为 0.9～1.4 MPa；低压压力为 0.45～0.52 MPa	主机控制面板上的数据由传感器检测所得，而用压力表直接测量则得到实际值。这两个值在正常情况下会有一定的差别
六	检查压缩机有无异常的噪声与振动。有无异常噪声：________。噪声发出的位置：________	根据使用手册说明，本主机噪声低，可靠性高。如果听到的声音是平稳的声音，那么该问题不大	
七	检查压缩机是否有异味。 是否有异味：________。 异味从哪里发出：________	正常情况下，没有异味	异味主要是指冷冻油的味道、电线烧焦的味道及其他非正常情况下的味道

（续表）

步骤	工作内容	正常参数	备注
八	检查压缩机的保护元件能否起作用。下图所示为压缩机的保护元件。 右上角的黑色模块即压缩机的保护元件。首先进行相序保护检测。把红、黄、蓝 3 条相线互换任意 2 条，然后启动主机，观察主机处于什么状态。 此时压缩机能否运转？________。 把红、黄、蓝 3 条线任意断开其中的一条，观察压缩机是否能够启动。 压缩机能运转吗？________	压缩机的保护元件主要起两个作用：一是在电源缺相时，断开压缩机的电源，保护压缩机内部电机；二是保护压缩机使它不反转。当压缩机的三相电源相序改变时，可以保证压缩机不启动，从而保证压缩机内部的阴、阳转子不反转。 当相序错了或者缺相时，控制主机不会让压缩机启动。我们可以从主控面板上观察到故障显示	

（二）任务实施的关键环节

序号	任务实施的关键环节描述	原因
一	在常规检查之前提前 8 h 给主机供电	保证压缩机的冷冻油能够被加热到正常值，有利于主机启动
二	在对压缩机进行绝缘电阻测量时，必须断开总电源开关，不能带电测量	绝缘电阻必须使用符合电压等级的绝缘电阻表进行测量，并且在设备没带电的情况下进行测量，否则容易造成触电事故
三	在测量压缩机的运行电流及电压时，要注意戴好绝缘手套，并且单手操作	压缩机的工作电压是 380 V，运行电流大约是 94 A，电压高、电流大，此时是带电操作，稍不注意就会造成触电事故
四	在检查压缩机的保护模块时，需要清楚保护模块的工作原理及输出的正常信号	必须搞清楚压缩机保护模块的保护原理，才能对保护模块进行功能测试

五、任务实施结果检查

组别	是否按照标准进行操作？	在操作过程中存在什么问题？	对存在的问题应该采取什么改进措施？

根据检测及观察到的数据，判断本次维护保养结果：

序号	存在异常的数据	可能原因	采取的措施

六、任务实施原理解释

压缩机在正常工作时，使用的电源是三相交流电源（380 V），这个电压对人来说是一个非常危险的电压，因此压缩机的外壳是不能带电的。也就是说，压缩机的外壳要有良好的绝缘性能。根据使用手册的说明，压缩机的绝缘电阻必须大于 1 MΩ。为了确保压缩机不漏电，必须使用 500 V 等级的绝缘电阻表对压缩机进行绝缘电阻的测量，确认绝缘电阻达到要求。

（一）压缩机保护模块的作用

压缩机的保护模块有两个作用。一是相序保护，螺杆式压缩机的转动方向是不能搞错的，所以不能出现反转的情况。相序保护作用就是在相序出现变化时，使压缩机不转动。二是缺相保护，螺杆式压缩机的工作电流很大，当出现缺相时，运行电流会更大，从而烧坏压缩机内部的电机。因此，必须加上缺相保护功能。当缺相时，可以及时切断压缩机电源，保护压缩机。

压缩机保护模块如图 12－1 所示。

L、N 为电源供电端；L1、L2、L3 为压缩机三相电源检测输入端；S1、S2 为温度检测端；M1、M2 为保护输出端；绿色灯为相位指示灯，红色灯为温度指示灯，正常时灯亮，异常时灯灭。

图 12－1　压缩机保护模块

（二）电源的平衡问题

螺杆式压缩机使用的是三相交流电，电压是 380 V，使用手册上的供电电源要求如下。

常规电源：380 V－3 相－50 Hz。

允许电压范围：额定电压±10%。

允许频率范围：额定频率±2%。

启动阶段最大电压降：额定电压的 10%。

允许电压不平衡率：±2%。

允许电流不平衡率：±5%。

不平衡电压通常发生在机组加载过程中。在机组加载过程中，当一个或多个相与其他相存在差异时，不平衡电压就会出现。这应该归咎于每个相的阻抗存在差别。不平衡电压会引起很严重的问题，特别是容易使压缩机出现问题。

$$\text{电压不平衡率}=\frac{\text{三相电压中电压平均值与最大值差异}}{\text{电压平均值}}\times 100\%$$

不平衡电压在电机终端引起相间电流的不平衡。对于一个满载电机而言，电流不平衡会引起压缩机电流过大而导致过热，以致于缩短压缩机的寿命，甚至烧毁电机。

$$\text{电流不平衡率}=\frac{\text{三相电流中电流平均值与最大值差异}}{\text{电流平均值}}\times 100\%$$

由此，在测量压缩机的工作电压与电流时，要符合使用手册的要求。

知识拓展

一、绝缘电阻

绝缘电阻：加直流电压于电介质，经过一定时间的极化过程后，流过电介质的泄漏电流对应的电阻。

绝缘电阻是电气设备和电气线路最基本的绝缘指标。在低压电气装置的交接试验中，常温下电动机、配电设备和配电线路的绝缘电阻不应低于 0.5 MΩ（对于运行中的设备和线路来说，绝缘电阻不应低于 1 kΩ/V）。低压电器及其连接电缆和二次回路的绝缘电阻一般不应低于1 MΩ，在比较潮湿的环境中不应低于 0.5 MΩ；二次回路小母线的绝缘电阻不应低于 10 MΩ。Ⅰ类手持电动工具的绝缘电阻不应低于 2 MΩ。

国际电工委员会（IEC）制定的标准规定：测量带电部件与壳体之间的绝缘电阻时，基本绝缘条件的绝缘电阻不应小于 2 MΩ；加强绝缘条件的绝缘电阻不应小于 7 MΩ；Ⅱ类电器的带电部件和“仅用基本绝缘与带电部件隔离的金属部件”之间，绝缘电阻不小于 2 MΩ；Ⅱ类电器的“仅用基本绝缘与带电部件隔离的金属部件”和壳体之间，绝缘电阻不小于 5 MΩ。

从以上要求看，压缩机的绝缘电阻在 2 MΩ 以上就是合格的。

根据本机的使用手册可知，压缩机的绝缘电阻必须大于 1 MΩ 才合格。

二、绝缘电阻表

如何测量绝缘电阻？

绝缘电阻不能用万用表的“R×10 k”挡进行测量，因为万用表的“R×10 k”挡使用的电源只有9 V，电器设备在9 V电压下是绝缘的，但不保证在220 V电压下也是绝缘的，所以必须用绝缘电阻表（兆欧表）来测量。机械式绝缘电阻表如图12－2所示，数字式绝缘电阻表如图12－3所示。

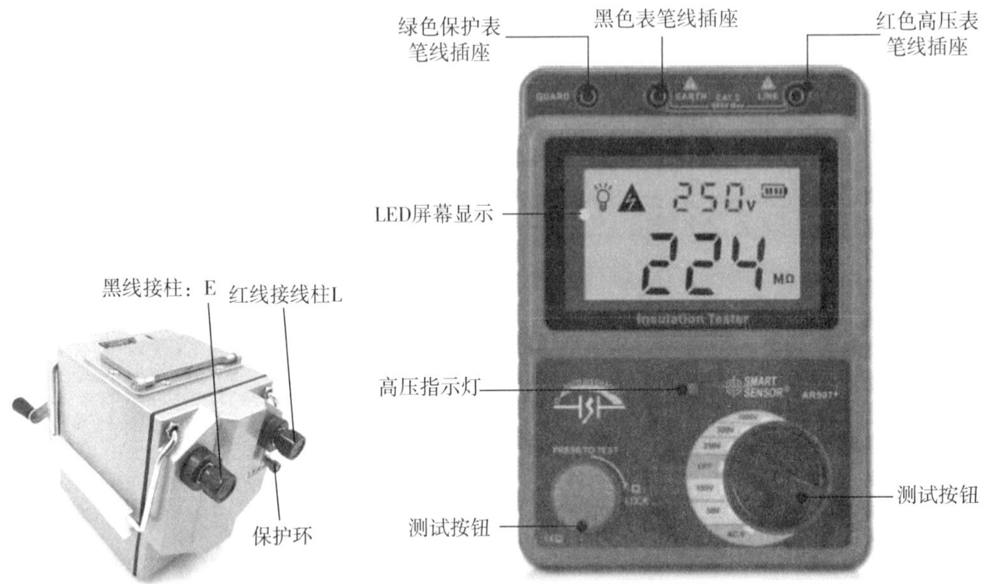

图12－2　机械式绝缘电阻表　　　　图12－3　数字式绝缘电阻表

机械式绝缘电阻表与数字式绝缘电阻表的测量原理是一样的，只是对测量信号的处理方式不同。

机械式绝缘电阻表结构如图12－4所示。

左边是摇动机构与发电机，右边是测量的电路部件。绝缘电阻表通过摇柄摇动自身发电，对绝缘电阻进行测量。

绝缘电阻表有3个接线柱：接线柱“E”，接线柱“L”，保护环“G”。

机械式绝缘电阻表刻度盘如图12－5所示。

图12－4　机械式绝缘电阻表结构

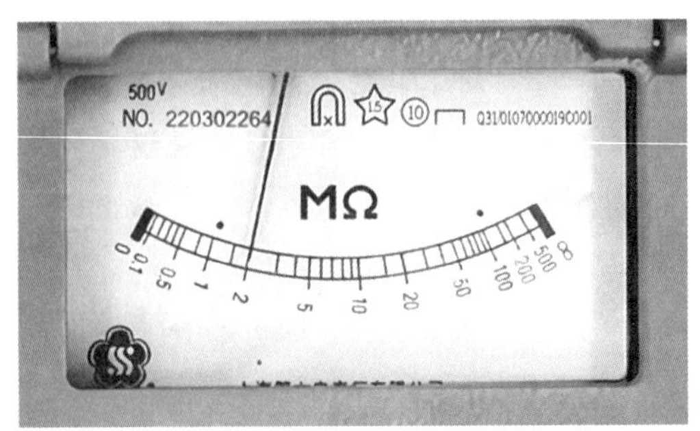

图12－5　机械式绝缘电阻表刻度盘

它的刻度盘单位是MΩ（兆欧）。刻度是不均匀的。测量压缩机绝缘电阻时，指针只要指在“1”以上即可。

绝缘电阻表工作原理如图12－6所示。

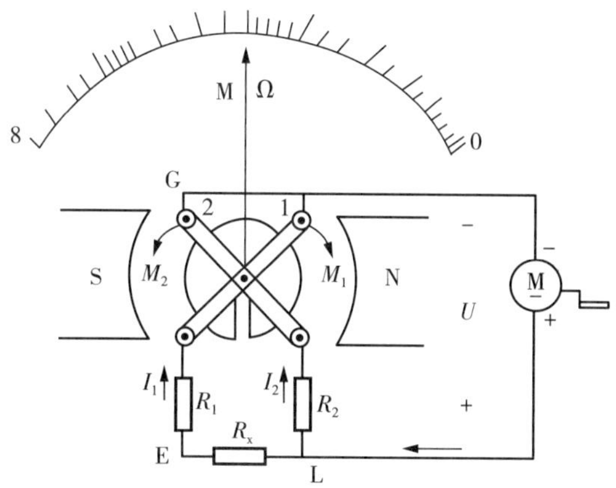

图12－6　绝缘电阻表工作原理

与绝缘电阻表表针相连的有两个线圈：一个同表内的附加电阻R_2串联；另一个和被测电阻R_x串联，然后一起被接到手摇发电机上。当手摇发电机发电时，两个线圈中同时有电流通过，且产生方向相反的转矩，表针就随着两个转矩的合成转矩的大小而偏转某一个角度，这个偏转角度取决于两个电流的比值。因为附加电阻是不变的，所以电流值仅取决于待测电阻的大小。

绝缘电阻表的电压等级有100 V、250 V、500 V、1000 V、2500 V、5000 V。对于低压用电设备来说，常用的绝缘电阻表有两个电压等级：500 V、1000 V。

一般规定测量额定电压在500 V以上的电气设备的绝缘电阻时，必须选用1000～2500 V的绝缘电阻表。测量500 V以下的电气设备绝缘电阻时，则选用500 V绝缘电阻表。

在使用绝缘电阻表时，为了测量准确，手摇发电机的摇动转速一般为120 r/min，容许变动±20%。根据这个误差测算，可知转速为96～144 r/min。虽然转速的范围比较大，但在测量时，转速要稳定，而且要稳定1 min后读数。

三、绝缘电阻表的使用前检查

绝缘电阻表在使用之前必须经过两个检查：开路试验和短路试验（表12－1）。

表12－1　开路试验和短路试验

试验项目	L、E、G的连接方法	摇动速度	指针指示位置	合格与否
开路试验	L、E、G接线柱都不接任何导线	120 r/min	指在“∞”	必须正好指在“∞”位置，超过或达不到都不合格
短路试验	L、E接线柱用导线连起来，G不用接线	轻摇1/4～1/2圈	指在“0”	必须正好指在“0”位置，超过或达不到都不合格

开路试验与短路试验必须都合格，且绝缘电阻表是完好的，只要有一个试验不成功，就不能用于测量。

四、钳表

钳表，即钳形电流表，是一种测量在线交流电流的仪表。它的工作原理：电磁感应原理或变压器原理或电流互感器原理。这三个原理是一样的。

在这里我们重点介绍机械式钳表。

机械式钳表外形如图 12－7 所示。

图 12－7　机械式钳表外形

图 12－8 是挡位开关。从挡位开关中可以看出此钳表还可以测量电阻、直流电压、交流电压、直流电流。只不过在测量以上这些参数时，需要使用表笔。

图 12－9 是刻度盘，因为测量的参数多，所以刻度盘的刻度也有多条。最上面的黑色刻度用于测量交流电流时的读数。

图 12－8　挡位开关

图 12－9　刻度盘

钳表工作原理如图 12－10 所示。

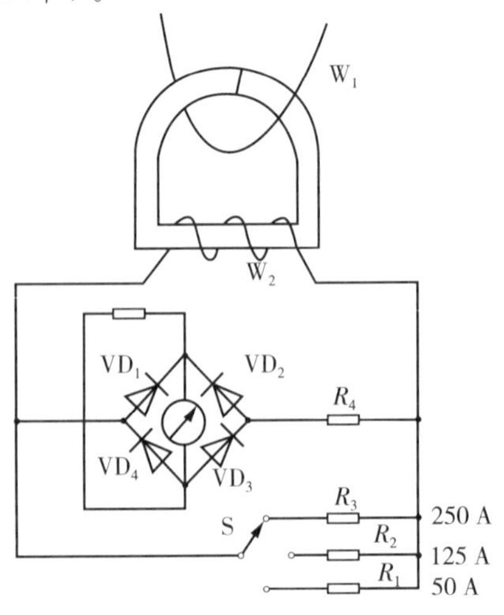

图 12－10　钳表工作原理

从图 12－10 可以看到，W_1 线是待测导线，W_2 线是感应导线，W_1 中流过的是交流电流，在 W_1 周围会形成环形变化的磁场，这个磁场经过铁芯传导，穿过 W_2 线，就会在 W_2 线上产生感应电压，这个电压大小可以直接通过电流表读出。因为 W_2 导线的匝数已经固定，根据变压器变压原理，即可知道在 W_2 上产生的电流与 W_1 导线中的电流大小有直接的比例关系。使用 R_1、R_2、R_3 作为挡位转换电路，通过改变挡位，就可以测量不同大小的交流电流。

测量方法：选择合适的量程，把待测导线放入钳口内，把钳口闭紧，钳口要贴合，若贴不合则会引起测量误差；接着水平读数。

数字钳表如图 12－11 所示。

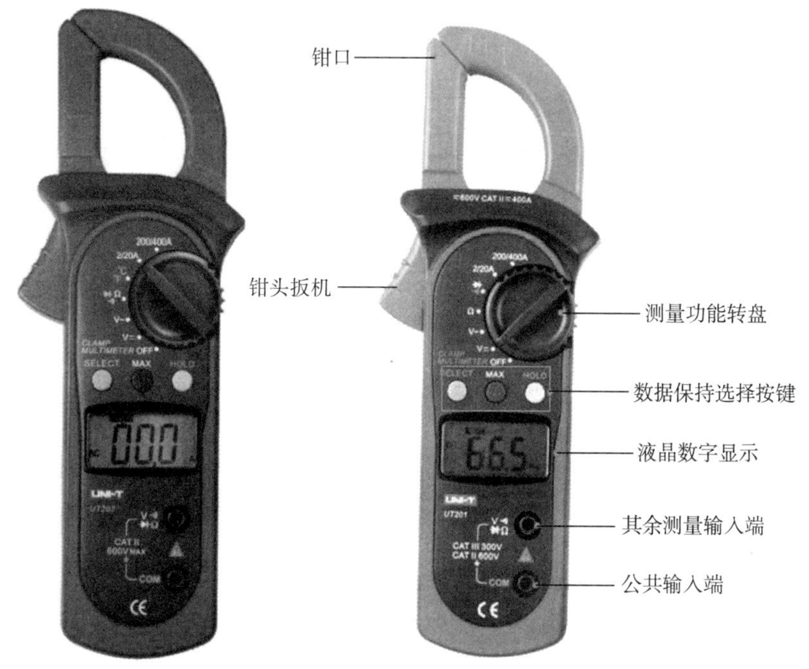

图 12－11　数字钳表

数字钳表的使用非常方便。我们只需要选好合适的挡位，把待测导线放入钳表内，显示屏上就会直接显示出测量数值。

任务十三：截止阀与调节阀的维护保养

一、任务描述

水冷式中央空调冷却水循环系统与冷冻水循环系统中，有很多的截止阀。这些截止阀用于关闭或打开循环系统。在维修时，我们需要通过截止阀把某段管路关闭，才能更换设备。调节阀则用在水压调节方面。本任务主要是针对水冷式中央空调的截止阀与调节阀的维护与保养。

二、任务学习目标

（1）学会截止阀与调节阀的维护与保养方法；
（2）掌握截止阀与调节阀的工作原理；
（3）在维护保养时，掌握确保人身安全的方法。

三、任务前期准备

（一）工具准备

活动扳手、十字螺丝刀、一字螺丝刀。

（二）劳动保护用品准备

工作服、工作手套、绝缘鞋、安全帽。

（三）材料准备

1. 学习资料准备

水冷式中央空调的安装结构图。

2. 耗材与配件准备

润滑油、密封胶垫、防锈漆。

（四）任务实施分工

<table>
<tr><td>组别</td><td>组长</td><td rowspan="2">组员</td><td rowspan="2" colspan="2"></td></tr>
<tr><td></td><td></td></tr>
<tr><td colspan="5">分工</td></tr>
<tr><td>测量</td><td>记录</td><td>操作</td><td>检查</td><td>拍照</td></tr>
<tr><td></td><td></td><td></td><td></td><td></td></tr>
</table>

（五）安全注意事项

（1）戴好手套，防止手部在维护保养过程中受伤；

（2）戴好安全帽，防止在走动时碰伤头部；

（3）穿好工作服，培养职业素养。

四、任务实施

（一）任务实施流程

步骤	工作内容	正常参数	备注
一	检查冷冻水循环系统的截止阀、蝶阀与调节阀是否有漏水情况。若有漏水情况，则对填料进行加压或更换阀芯。 出现漏水的阀门在哪里？________________。 扭动截止阀与调节阀阀门，查看是否灵活。若转动不灵活，则需要加润滑油	截止阀与调节阀不能漏水	冷冻水循环系统管道外部包裹着一层保温材料，在处理漏水情况时，要先把保温层去掉，修好以后，要修复保温层
二	检查冷却水循环系统的截止阀、蝶阀是否有漏水情况。若漏水则对填料进行加压或更换阀芯。 出现漏水的阀门在哪里？________________。 扭动截止阀与调节阀阀门，查看是否灵活。若转动不灵活，则需要加润滑油	正常不漏水，手柄转动灵活	冷却水循环系统没有保温层
三	检查截止阀、蝶阀等的法兰结构是否有漏水情况。如果漏水，需要更换内部的密封胶垫	法兰结构内部有密封胶垫，正常情况下不会漏水，只有出现老化、破损时才漏水	
四	检查截止阀、蝶阀、调节阀外观是否出现油漆剥落的情况，若出现则把原来的油漆刮干净，然后再涂上一层油漆	外层油漆应能保护各种阀门使之不生锈、不被腐蚀	

（二）任务实施的关键环节

序号	任务实施的关键环节描述	原因
一	冷冻水循环系统中的阀门处都包着厚厚的保温层，在检查时，要把这些保温层拆下，才能看到是否漏水	因为有保温层覆盖，不认真观察容易忽视微漏水情况
二	若法兰结构出现漏水，可以更换胶垫，但截止阀不能关断水流，是因为内部阀芯已经被磨损，只能更换整个截止阀	截止阀的阀芯长久使用后会出现磨损现象，磨损后就会出现不能关断水流的情况
三	在给阀门外部刷油漆时，要记得把原来的油漆全部刮去，否则新漆不能很好地附着在上面	旧漆老化

五、任务实施结果检查

组别	是否按照标准进行操作？	在操作过程中存在什么问题？	对存在的问题应该采取什么改进措施？

根据检测及观察到的数据，判断本次维护保养结果：

序号	存在异常的数据	可能原因	采取的措施

六、任务实施原理解释

截止阀、蝶阀、调节阀出现泄漏的原因如下：

（1）阀芯出现磨损，造成泄漏；

（2）法兰泄漏。

法兰泄漏较常见的原因有以下 5 个。

（一）偏口

偏口，指管道与法兰不垂直、不同心，法兰面不平行。当内部介质压力超过垫片的载荷压力时，就会发生法兰泄漏。这种情况主要是在安装施工或检修过程中出现的，较易被发现。只要在工程完工时认真检查，就可以避免此种事故的发生。

（二）错口

错口，指管道和法兰垂直，但两个法兰不同心。法兰不同心，造成周围的螺栓均不能自由地穿入螺栓孔。在没有其他办法的情况下，只能扩孔或用小一号的螺栓穿入螺栓孔，但该方法会降低两个法兰的拉紧力。另外，密封面的密封面线也有偏差，这样非常容易发生泄漏。

（三）张口

张口，指法兰间隙过大。法兰的间隙过大而造成外载荷（如轴向或弯曲载荷）时，垫片就会受到冲击或震动，失去压紧力，从而逐渐失去密封动能而失效。

（四）错孔

错孔，指管道与法兰同心，但两个法兰相对的螺栓孔之间的距离偏差较大。错孔会使螺栓产生应力，而应力将对螺栓造成剪切力，时间长了会把螺栓切断，造成密封失效。

（五）应力影响

在安装法兰时，两个法兰对接都比较规范。但当中央空调系统工作时，管道进入介质使管道温度发生变化，并使管道发生膨胀或变形，从而使法兰受到弯曲载荷或剪切力，容易造成垫片失效。

知识拓展

水冷式中央空调中常见的阀门有以下几种。

一、闸阀

闸阀（gatevalve）是用闸板作启闭件并沿阀座轴线垂直方向移动，以实现启闭动作的阀门。闸阀只能全开和全关。启闭件是闸板，运动方向与流体方向相垂直。方形工字闸阀的两个密封面形成楔形角，楔形角随阀门参数而异，通常为5°，介质温度不高时为2°52′。

闸阀如图 13－1 所示。

图 13－1　闸阀

二、蝶阀

蝶阀是指关闭件（阀瓣或蝶板）为圆盘，并能围绕阀轴旋转来达到开启与关闭的一种阀。蝶阀在管道上主要起切断和节流作用。蝶阀启闭件是一个圆盘形的蝶板，在阀体内绕其自身的轴线旋转，从而达到启闭或调节的目的。蝶阀可安装在发生炉、煤气、天然气、液化石油气、冷热空气、化工冶炼和发电环保等工程系统中输送各种腐蚀性、非腐蚀性流体介质的管道上，用于调节和截断介质的流动。蝶阀有手柄蝶阀（图 13－2）、涡轮蝶阀（图 13－3）、气动蝶阀（图 13－4）及电动蝶阀（图 13－5）等。

图 13－2　手柄蝶阀

图 13－3　涡轮蝶阀

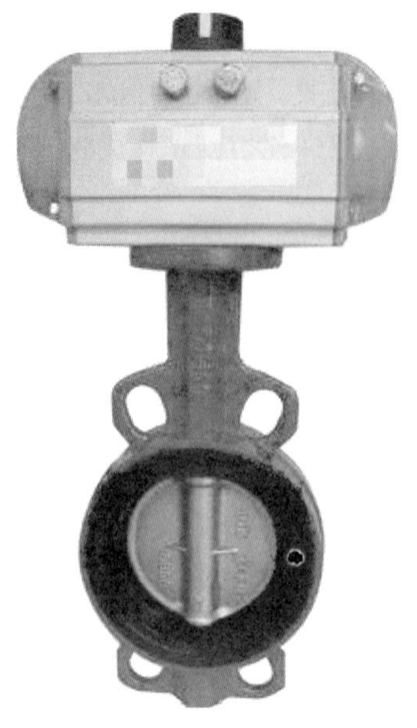

图 13－4　气动蝶阀

图 13－5　电动蝶阀

从以上的阀门结构来看，阀芯是一样的，只是关闭与打开阀芯的方法不同而已。

三、球阀

球阀指的是用带圆形通孔的球体作启闭件，使球体随阀杆转动，以实现启闭动作的阀门。标准 GB/T 21465—2008《阀门　术语》中对球阀的定义：启闭件（球体）由阀杆带动，并绕方工球阀轴线做旋转运动的阀门。其可用于流体的调节与控制，其中硬密封“V”形球阀的“V”形球芯与堆焊硬质合金的金属阀座之间具有很强的剪切力，特别适用于含纤维、微小固体颗粒等的介质。而多通球阀在管道上不仅可灵活控制介质的合流、分流及流向的切换，还可关闭任一通道而使另外两个通道相连。本类阀门在管道中一般水平安装。球阀分为气动球阀（图 13－6）、电动球阀（图 13－7）和手动球阀（图 13－8）。

图 13－6　气动球阀

图 13－7　电动球阀

图 13－8　手动球阀

四、止回阀

图 13-9　止回阀

止回阀又称单向阀或逆止阀，其作用是防止管路中的介质倒流。水泵吸水处的底阀也属于止回阀类。锻钢止回阀有两种体盖连接设计形式：第一种是体盖螺栓连接锻钢止回阀，按这种连接形式设计的阀门，其阀体与阀盖用螺栓连接，用缠绕式垫片密封，优点是便于维修；第二种是体盖全焊密封锻钢止回阀，按这种连接形式设计的阀门，其阀体与阀盖用螺纹连接，全焊密封，优点是无泄漏。

止回阀如图 13-9 所示。

五、平衡阀

图 13-10　平衡阀

平衡阀是在水力工况下，起到动态、静态平衡调节作用的阀门，为一种具有特殊功能的阀门。在某些行业中，在管道或容器的各个部分中的介质（各类可流动的物质）存在较大的压力差或流量差，为减小或平衡该差值，在相应的管道或容器之间安设平衡阀，用以调节两侧压力的相对平衡，或通过分流的方法达到流量的平衡。

平衡阀如图 13-10 所示。

六、浮球阀

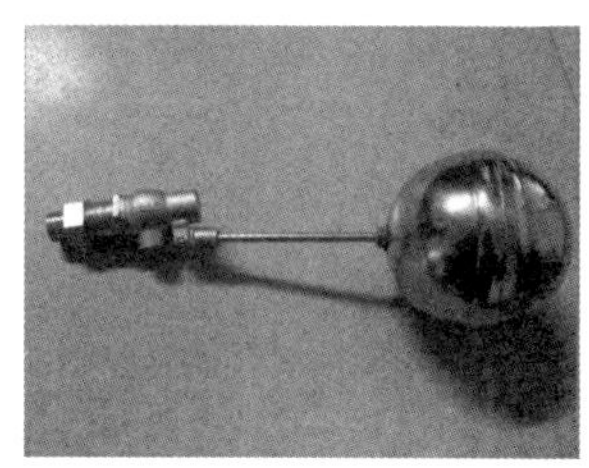

图 13-11　浮球阀

浮球阀是由曲臂和浮球自动控制水塔或水池的液位的一种阀门，其保养简单，灵活耐用，液位控制准确度高，水位不受水压干扰且开闭紧密不漏水。根据不同的壳体材料，浮球阀分为普通碳钢系列（WCB&A105）、不锈钢系列（304，316）、低温钢系列（LCB，LCC）、抗硫系列等。

浮球阀如图 13-11 所示。

七、截止阀

图 13-12　截止阀

截止阀（Stop Valve），又称截门阀，属于强制密封式阀门，是使用最广泛的一种阀门。截止阀依靠阀杆压力，使阀瓣密封面与阀座密封面紧密贴合，阻止介质流通，因只允许介质单向流动，故安装时有方向性。截止阀可分为直流式截止阀、角式截止阀、柱塞式截止阀、上螺纹阀杆截止阀、下螺纹阀杆截止阀等，它们具有耐用、开启高度不大、制造容易、维修方便等特点，不仅适用于中低压，还适用于高压。

截止阀如图 13-12 所示。

任务十四：电气控制系统维护保养

一、任务描述

本任务主要是针对水冷式中央空调的电气控制系统进行维护与保养，检查电气控制系统的电源开关、交流接触器、连接导线等是否存在松动、烧蚀、绝缘损坏等情况，若发现有这些情况应及时进行维修，保证电气控制系统正常工作。

二、任务学习目标

(1) 学会检查电气元件有无损坏的方法；

(2) 能够看懂电气控制系统的原理图与实物的对应关系；

(3) 掌握电气控制系统出现松动、烧蚀、绝缘损坏情况时的处理办法。

三、任务前期准备

(一) 工具准备

检查控制柜时用到十字、一字螺丝刀，电笔，万用表，绝缘胶布，热缩管，尖嘴钳，剪线钳，电烙铁等。

(二) 劳动保护用品准备

工作服、安全帽、工作手套。

(三) 材料准备

1. 学习资料准备

(1) 电源控制柜实物图；

(2) 主控制面板内部电路图。

2. 耗材与配件准备

多种截面的单股铜芯线，热缩管等。

(四) 任务实施分工

<table>
<tr><td>组别</td><td>组长</td><td rowspan="2">组员</td><td rowspan="2"></td></tr>
<tr><td></td><td></td></tr>
</table>

（续表）

分工				
测量	记录	操作	检查	拍照

（五）安全注意事项

（1）戴好手套，防止手部在检测过程中受伤；

（2）戴好安全帽，防止在走动时碰伤头部；

（3）穿好工作服，培养职业素养。

四、任务实施

（一）任务实施流程

步骤	工作内容	正常参数	备注
一	对电源控制柜实物图进行分析，搞清楚各个元件的功能，并画出控制电路图。 请画出电源控制柜实物图，并把电源控制线路画出来	电源控制柜主要有控制电源的断路器及各种交流接触器、中间继电器、热继电器等	
二	对中间继电器、信号继电器做模拟实验，检查二者的动作是否可靠，输出的信号是否正常，否则应更换同型号的中间继电器、信号继电器。 是否有不正常的继电器？________。 不正常的继电器编号是什么？________ ________ ________	在切断电源的情况下，对中间继电器、信号继电器进行模拟实验	
三	检查交流接触器： 清除灭弧罩内的碳化物和金属颗粒。 清除触头表面及四周的污物（但不要修锉触头）。 若触头烧蚀严重，应更换同规格交流接触器，清洁铁芯上的灰尘及脏物，拧紧所有紧固螺栓。 出现问题的交流接触器：________ ________ ________。 所做处理：________ ________ ________	正常情况下，交流接触器灭弧罩内没有碳化物与金属颗粒，它的触头接触良好，没有其他灰尘与杂物，螺栓不松动	

(续表)

步骤	工作内容	正常参数	备注
四	检查热继电器： (1) 检查热继电器的导线接头处有无过热或烧伤痕迹，若有应整修处理，处理后达不到要求的应更换； (2) 检查热继电器上的绝缘盖板是否完整，若损坏应更换。 出现问题的热继电器：____________。 所做处理：________________________ ________________________________	正常情况下，热继电器导线接头应接触良好，无过热或烧蚀痕迹，绝缘盖板完整，并固定好	
五	对自动空气开关进行维护保养： (1) 用 500 V 摇表测量绝缘电阻（应不低于 1 MΩ），否则应烘干处理； (2) 清除灭弧罩内的碳化物或金属颗粒，若灭弧罩损坏应更换； (3) 清除触头表面上的小金属颗粒（不要修锉），可以用螺丝刀扫去。 在本次维修保养中，所做处理：__________ ________________________________	根据主机使用手册，所有线路的绝缘电阻不应小于 1 MΩ	
六	检查电源控制柜的各个控制按钮是否能够正常使用，若不能应及时更换。 出现问题的控制按钮：__________。 ________________________________ 采取什么处理措施：________________ ________________________________	在控制按钮正常的情况下，应该能够很好地控制电路的开停。若出现接触不良或者断路的情况，则无法对电源控制柜进行控制	由于经常按动控制按钮，控制按钮出现故障的概率较大
七	对主机控制柜的维护保养如下。 (1) 检查压缩机电源控制电路是否有松动、烧蚀现象，若有应及时处理。 出现问题的地方：____________________ ________________________________。 所做处理：________________________ ________________________________。 (2) 根据主机控制柜的控制电路图，检查各线路的接头是否有松动、断线等情况。发现问题及时处理。 出现问题的地方：____________________ ________________________________。 所做处理：________________________ ________________________________	主机控制柜中有主控电路板。正常情况下，主控电路板能够正常地接收各种信号，并使主机正常运行。它的控制线路不能出现断路的情况	
八	清除电源控制柜与主机控制柜内的灰尘	正常情况下没有灰尘	灰尘会影响电路的绝缘性能，甚至造成短路

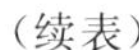

（二）任务实施的关键环节

序号	任务实施的关键环节描述	原因
一	在检查电源控制柜的各个元件时，电源应该断开，不能带电操作	带电操作容易造成触电事故和损坏元器件
二	在对交流接触器、热继电器、自动空气开关等进行维护保养时，要注意检查每一根导线的接头是否安装牢固。若不牢固容易出现“打火”现象，影响整体电路的控制	通过交流接触器、热继电器等元件的电流较大，电压较高，如果连接的导线不够牢固，那么容易造成此处发热，甚至“打火”，这是非常危险的
三	在维护保养主机控制柜时，要特别注意各种信号线的位置，如出现脱落，要再三根据电路图进行检查，以防接错	若接错信号线，主控制板便无法正确检测各种信号，从而造成主机无法开机

五、任务实施结果检查

组别	是否按照标准进行操作？	在操作过程中存在什么问题？	对存在的问题应该采取什么改进措施？

根据检测及观察到的数据，判断本次维护保养结果：

序号	存在异常的数据	可能原因	采取的措施

六、任务实施原理解释

（一）电源控制柜的作用

图 14－1 是电源控制柜实物图。

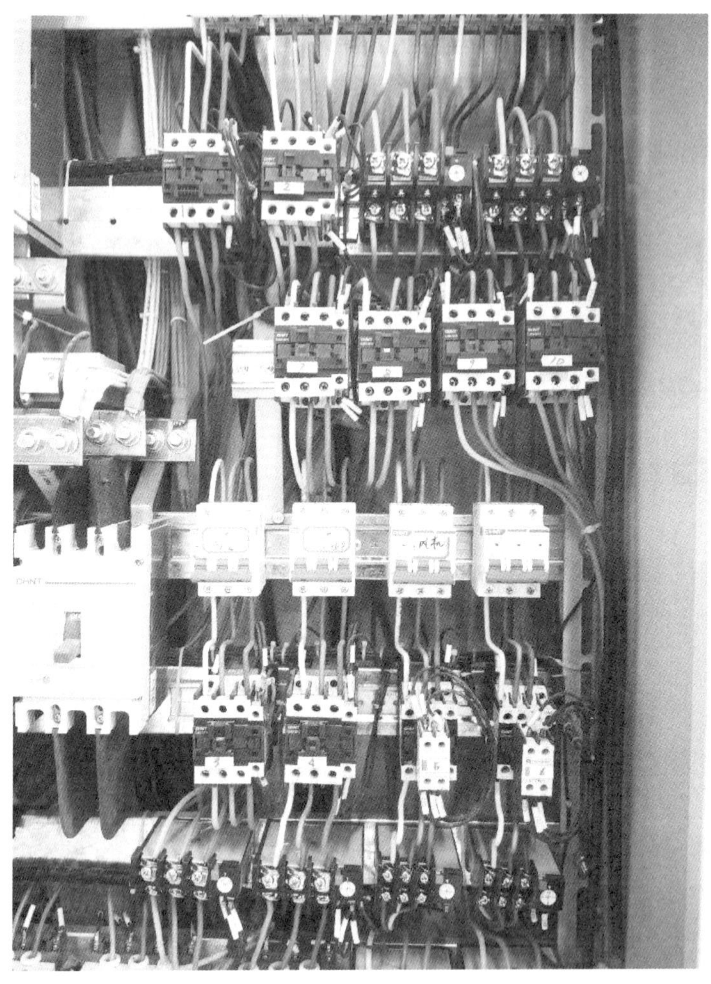

图 14－1　电源控制柜实物图

本电源控制柜能够控制 1＃主机与 2＃主机。它有两套水冷式中央空调的控制电路，可以控制冷却塔、冷冻水泵、冷却水泵、主机电源。这些都通过交流接触器来控制，有电机的部分都加了热继电器进行保护。交流接触器与热继电器及空气开关都需要通过较大的电流，因此导线接头、触点等会发热甚至“打火”，需要定期对控制电路进行保养。

（二）主机控制柜

主机控制柜主要用来控制中央空调压缩机的开与停。它内部有压缩机启动的 Y－Δ 转换电路，此电路电流可达到 94 A，甚至更大。它还包括主控制板，以及各种传感器的输入接线等。

主机控制柜的工作电路如图 14－2 所示。

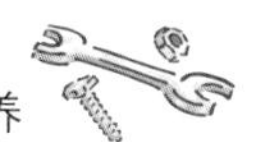

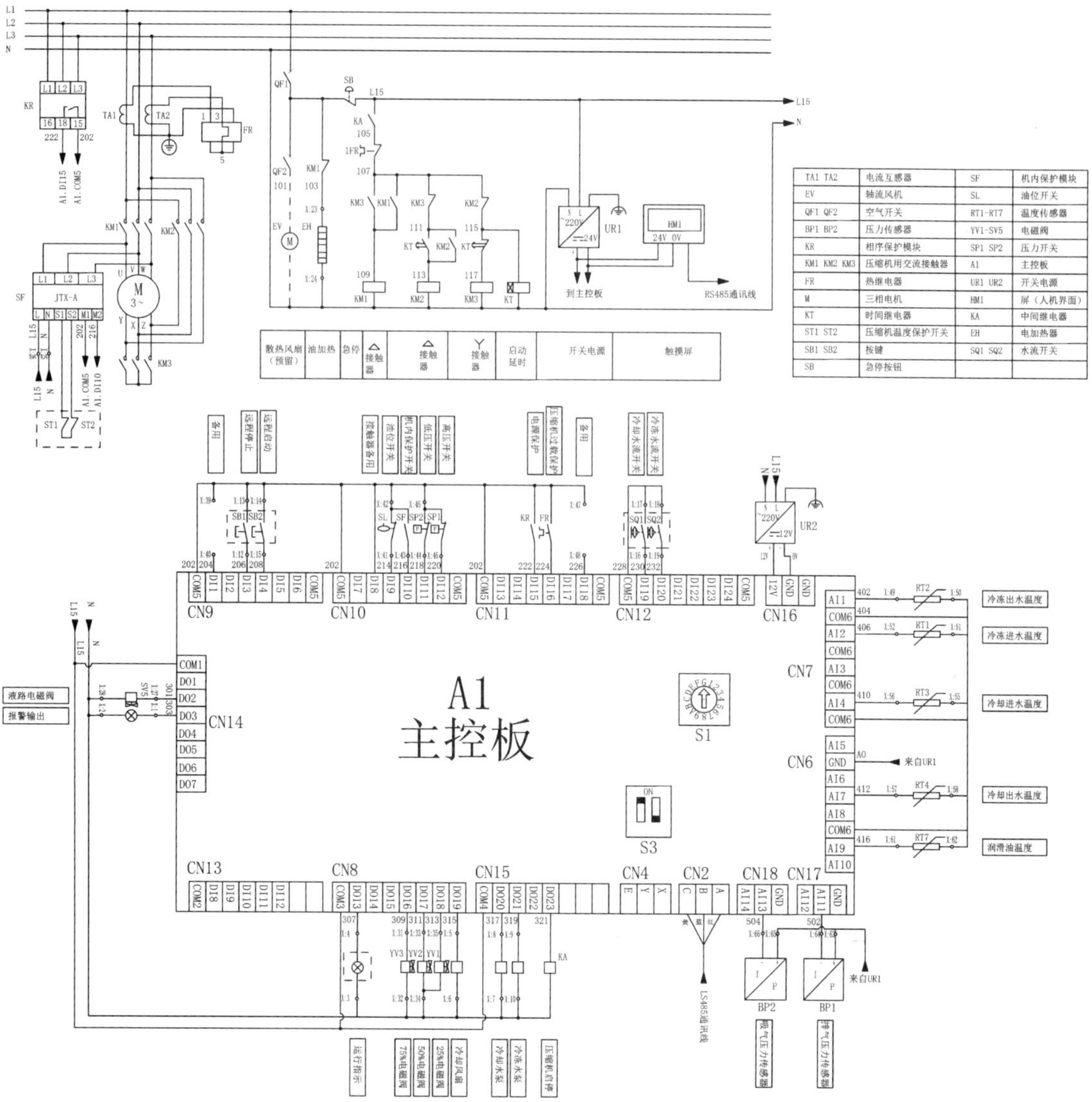

A1
主控板
S1
S3
CN2
CN4
CN6
CN7
CN8
CN9
CN10
CN11
CN12
CN13
CN14
CN15
CN16
CN17
CN18
散热风扇（预留）
油加热
急停
启动延时
开关电源
触摸屏
RS485通讯线
到主控板
液路电磁阀
报警输出
冷冻出水温度
冷冻进水温度
冷却进水温度
冷却出水温度
润滑油温度
来自UR1
LS485通讯线
运行指示
75%电磁阀
50%电磁阀
25%电磁阀
冷却风扇
冷却水泵
冷冻水泵
压缩机启停
吸气压力传感器
排气压力传感器
TA1 TA2 电流互感器
EV 轴流风机
QF1 QF2 空气开关
BP1 BP2 压力传感器
KR 相序保护模块
KM1 KM2 KM3 压缩机用交流接触器
FR 热继电器
M 三相电机
KT 时间继电器
ST1 ST2 压缩机温度保护开关
SB1 SB2 按键
SB 急停按钮
SF 机内保护模块
SL 油位开关
RT1-RT7 温度传感器
YV1-SV5 电磁阀
SP1 SP2 压力开关
A1 主控板
UR1 UR2 开关电源
HMI 屏（人机界面）
KA 中间继电器
EH 电加热器
SQ1 SQ2 水流开关

图 14-2　主机控制柜的工作电路

图 14-3 是压缩机的控制线路。

该电路包括压缩机的 Y-Δ 转换电路，交流接触器 KM1、KM2、KM3 实现 Y-Δ 转换，其中 KM1 与 KM3 实现 Y 启动，KM1、KM2 实现 Δ 运行。该电路还包括冷冻油加热器控制电路、散热风扇电路、开关电源、触摸屏电路等。

图 14-4 为 Y-Δ 转换电路的控制电路。

Y 启动：主控制柜通电后，通过触摸屏开机，主控制板控制 KA 中间继电器线圈，使之得电，并使 KA 触点接通，电流经过 KA、1FR、KM2 常闭触点，KT 时间继电器延时断开触点，使 KM3 交流接触器线圈得电，KM3 的常开触点闭合，常闭触点断开。此时，KM1 交流接触器线圈得电，从而保证 KM1、KM3 交流接触器主触点接通，实现 Y 启动。

Δ 运行：当时间继电器定时时间到后，KT 延时断开触点断开，切断交流接触器 KM3 的线圈电流，使它失电；同时，KM3 的常开触点与常闭触点恢复失电状态，KT 的延时闭合触点接通，KM2 交流接触器线圈得电，而 KM1 交流接触器线圈一直处于接通状态。此时，KM1、KM2 主触点接通，实现 Δ 运行。

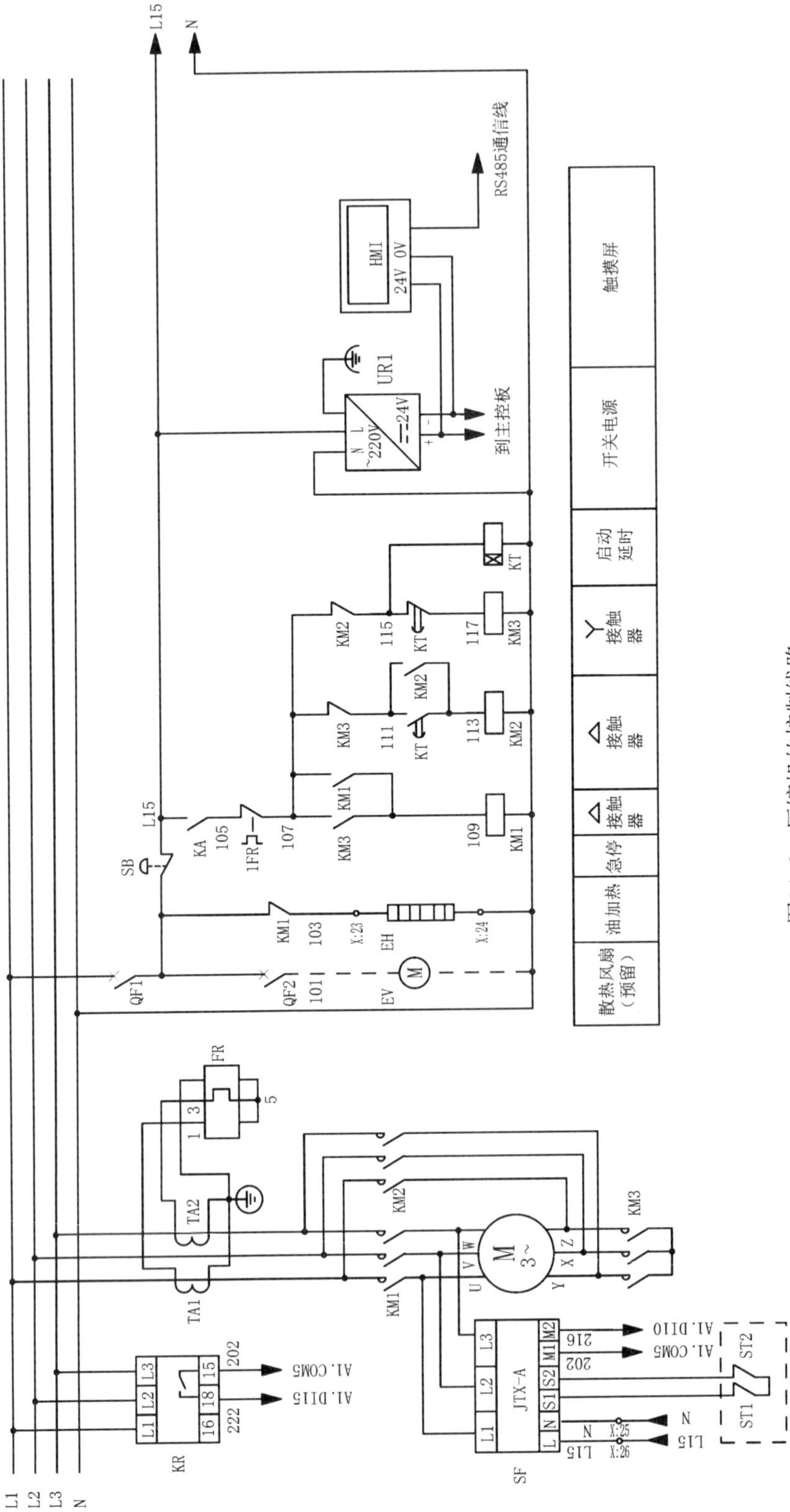

图14-3　压缩机的控制线路

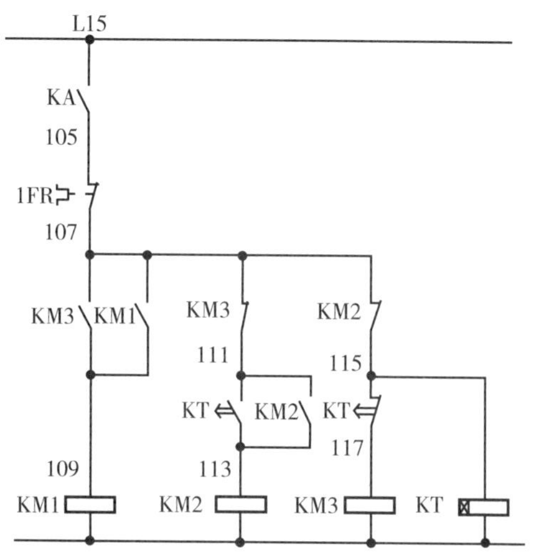

图 14-4　Y-Δ 转换电路的控制电路

知识拓展

一、交流接触器

交流接触器是全自动的控制电器。交流接触器主要的控制对象是电动机，其被广泛用于控制其他电力负载，如电焊机、电容器、电热器、照明组等。

交流接触器主要由电磁系统、触点系统、灭弧系统及其他部分组成。

电磁系统：由电磁线圈和铁芯组成，靠它才能带动触点的闭合与断开。

触点系统：触点包括主触点和辅助触点，是接触器的执行部分。主触点的主要作用就是接通和分断主回路，控制一些较大的电流，而辅助触点则用来满足各种控制方式的要求。

灭弧系统：当触点与电路断开时，灭弧系统用来保障产生的电弧安全地熄灭，以避免电弧对触点的损伤。

交流接触器外形如图 14-5 所示。

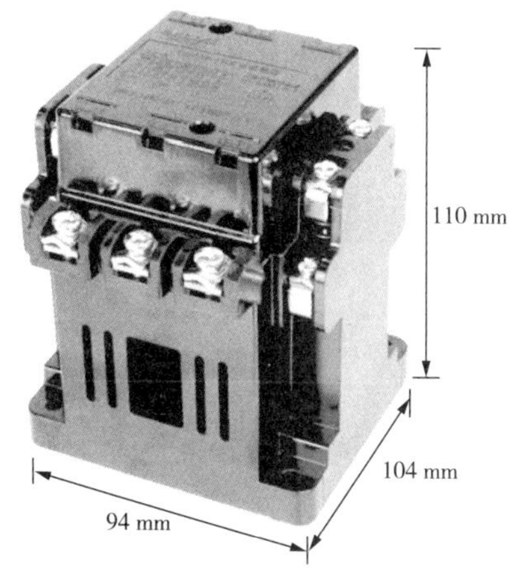

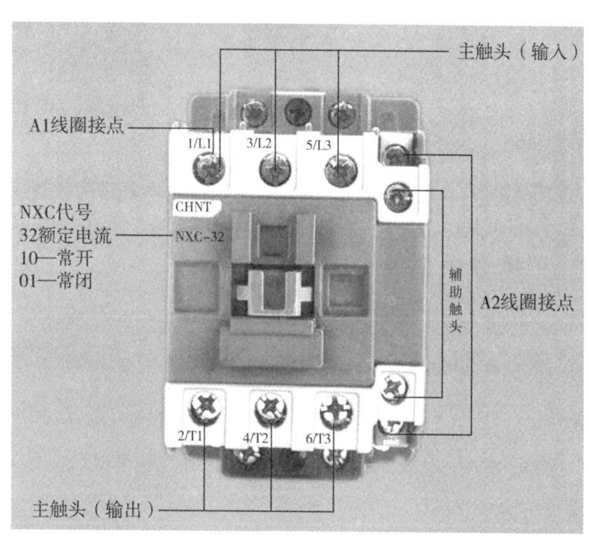

图 14-5　交流接触器外形

交流接触器结构如图 14－6 所示。

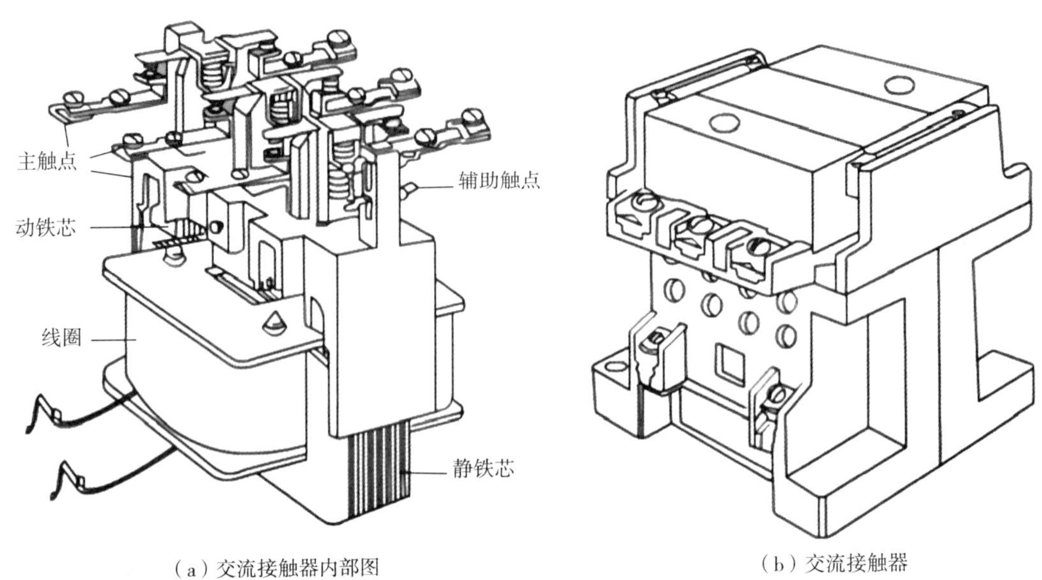

（a）交流接触器内部图

（b）交流接触器

图 14－6　交流接触器结构

如图 14－7 所示为交流接触器工作原理。

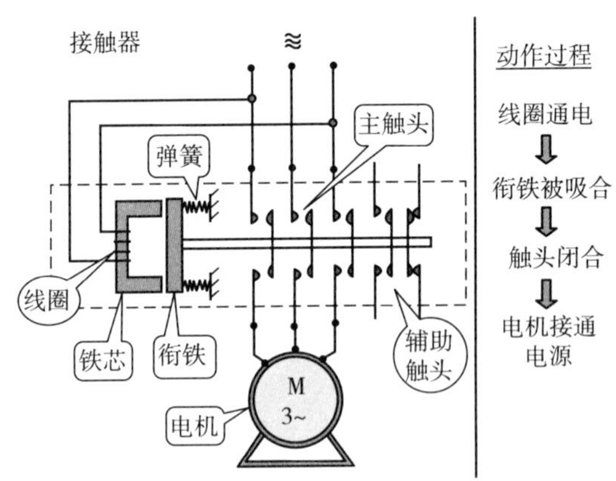

图 14－7　交流接触器工作原理

二、热继电器

热继电器主要用来对异步电动机进行过载保护。它的工作原理是过载电流通过热元件后，使双金属片受热弯曲去推动动作机构带动触点动作，从而将电动机控制电路断开，实现电动机断电停车，起到过载保护的作用。鉴于在双金属片受热弯曲过程中，热量的传递需要较长的时间，因此，热继电器不能用作短路保护，而只能用作热继电器的过载保护，符号为“FR”。

热继电器外形如图 14－8 所示。

图 14－8　热继电器外形

热继电器结构如图 14－9 所示。

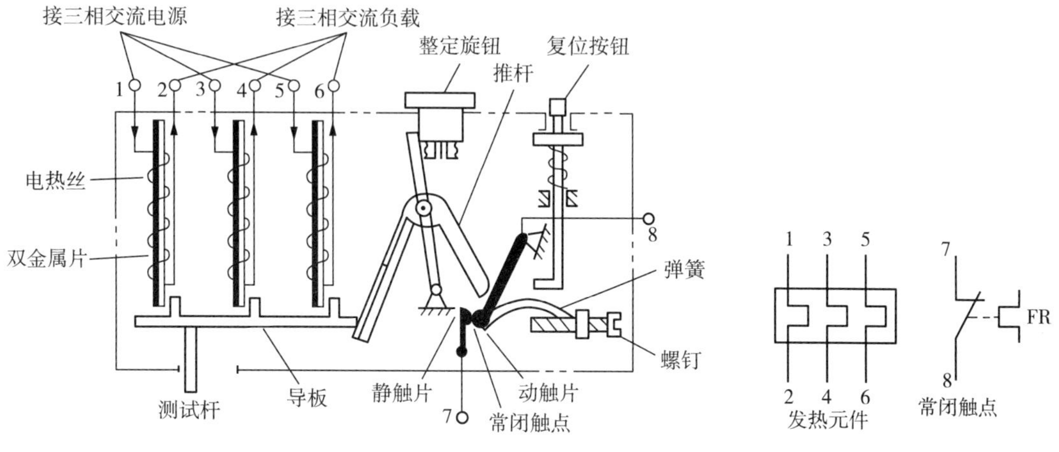

图 14－9　热继电器结构

（一）热元件

热元件是热继电器的主要部分，由双金属片及围绕双金属片的电阻丝组成。使用时将电阻丝直接串联在异步电动机的主回路中，电阻丝中通过的电流是电机的线电流。

（二）动作结构

动作结构由导板、补偿双金属片（补偿环境温度的影响）、推杆、动触片等组成。

（三）触点

常开触点和常闭触点都串联在控制回路中。

（四）复位按钮

复位按钮是热继电器动作后手动复位的按钮。

（五）整定电流装置

整定电流装置通过整定旋钮调节整定电流值。

附　　录

美的中央空调水冷螺杆式冷水机组
安装、使用、维护保养手册

一、说明

(1) 设备安装前，应进行开箱检查，并形成验收文字记录；

(2) 由于产品在不断优化和改良，本保养手册中个别或部分机型可能有所更改，届时恕不另行通知；

(3) 产品执行标准：GB/T 18430.1—2007；

(4) 本手册中的安装部分仅提供给专业安装人员参考；

(5) 当您准备使用机组时，务必先阅读“十二、使用部分”，以避免因您的误操作而损坏机组或发生意外；

(6) 压力容器机组使用前后需向当地对口管理机构报备、登记及注册；

(7) 上电前请仔细检查各导线及母排连接是否正确、可靠，如有异常，请先处理并确定无误后再上电调试或运行。

二、安全警示

(1) 美的集团股份有限公司（以下简称“美的公司”）LSBLG 系列机组使用的制冷剂 R22 系中压介质，属液化气体，它的饱和蒸气压力与温度成对应关系。温度高，对应的饱和蒸气压力也高。为保证机组安全，停机期间机组周围的环境温度不应超过 45 ℃，否则应开动冷冻水泵，以降低蒸发器的温度。

(2) 在机组有制冷剂的情况下，严禁在蒸发器、冷凝器壳体上进行火焰切割或施焊。严禁在机组运行时或机组承受压力情况下，紧固螺栓或螺母；如发现连接面有泄漏，必须泄压后才能紧固螺栓、螺母。

(3) 人体可接受的空气中 R22 蒸气浓度（AEL）为 1000 ppm，在机组调试、使用中应避免制冷剂泄漏。如果发生大量溢漏或泄漏，R22 蒸气会集中在靠近地面的低处，导致人体缺氧不适。这时，应加强通风，可用风机鼓风，使靠近地面的空气流通。在制冷剂蒸气被排除前，不要进入污染区域，以免对人体产生不良影响。不要让液态制冷剂（R22）接触皮肤和眼睛，以避免皮肤和眼睛被冻伤。

(4) 向机组充注制冷剂或从机组中抽出制冷剂（R22）时，应选用专门的制冷剂抽灌装置。从机组中抽出的制冷剂（R22）应注入符合机组设计压力的且按压力容器有关标准设计制造的贮液罐中。不允许将制冷剂（R22）直接排入大气或下水道中。

(5) 在封闭的区域内使用本系列机组时，为确保安全要求，应注意：

① 在室外安装排气管道和换气管道，且远离进风口；

② 确保通风良好，如果必要，应使用辅助通风设备来清除因意外泄漏而形成的制冷剂蒸气；

③ 机组上冷凝器安全阀的排出口应用管道接至室外；

④ 如有条件，可安装空气检测器，以监测空气中的制冷剂蒸气浓度。

三、产品概述

（一）产品简介

美的螺杆式冷水机组采用最先进的工业用第三代5齿对6齿非对称设计的压缩机；变容量调节，高效节能；人性化的微电脑控制系统，兼具远程控制功能；十大自我保护功能确保安全可靠，无忧运行；系列齐全，可为客户量身定做；真正为客户着想的设计理念，满足客户各种需求。螺杆式冷水机组系列产品具有结构紧凑、体积小、噪声低、能效比高、寿命长以及操作维护简单等优点，被广泛应用于宾馆、饭店、办公楼、商店、医院等场所，也适用于化工、机械等行业空调场所。

（二）产品特点

1. 低噪声，可靠运转

采用高效、可靠、稳定及可维护的半封闭螺杆压缩机。合理的压缩机结构设计与精密的三维机械加工技术，使压缩机高低压之间的串气减至极小，使压缩机在较宽的范围内保持高效运转；压缩机排气连续性高，气压脉动小，从而大大降低了机组的振动和噪声；采用压差供油方式，省去繁杂的油路系统，使整体结构简单，运行更为可靠。

2. 高效节能

蒸发器和冷凝器均采用高效换热管，再加上独特管束布管设计，充分考虑制冷条件下制冷剂状态变化及流速、压降大小等条件，保证制冷剂过冷，以增强机组制冷能力，降低输入功率。机组能根据负载状况进行能力调节，使运行容量与实际负载相匹配，以提高压缩机工作效率，降低能量消耗，延长机组的使用寿命。

3. 智能控制

采用微控制器控制，具有故障诊断、能量管理、防冻监测等多项自动控制功能，确保机组高效运转，加之全中文的显示画面，使用更加方便。机组自带RS485通信接口，可以实行多台机组联网控制；通过RS485/RS232转换接口程序，机组可由上位计算机控制。各台机组的运行可由上位计算机根据负荷需求及运转时间来控制其开停。

4. 品质稳定，安全可靠

电气控制元件均采用国内外知名品牌的产品，品质稳定，性能可靠；机组设计了多重安全保护措施，包括高低压保护、防冻保护、水流量保护、缺断相保护、过载保护等，确保机组安全可靠运转。

5. 调试简便，结构简单

机组出厂之前已经过全面试运转检验，以确保机组实地运行的可靠性；只需连接电源及水源后即可投入运行，现场安装调试非常简便；机组结构简单，操作方便，再加上机组配置的自动保护及调节装置，非常便于管理。

四、产品工作原理

螺杆式冷水机组主要由四大部件构成，它们分别是压缩机、冷凝器、节流阀和蒸发器。其工作原理：通过压缩机对制冷剂蒸气施加能量，使其压力、温度提高，然后通过冷凝、节流过程，使之变为低压、低温的制冷剂液体，并在蒸发器内蒸发为蒸气，同时从周围环境（载冷剂，如冷水）中获取热量使载冷剂温度降低，从而达到人工制冷的目的。由此可见，蒸气压缩式制冷循环包括压缩、冷凝、节流、蒸发四个必不可少的过程。

（一）压缩过程

蒸发器中的制冷剂蒸气被螺杆压缩机吸入后，原动机（一般为电动机）通过压缩机螺杆对其施加能量，使制冷剂蒸气的压力提高并进入冷凝器；与此同时，制冷剂蒸气的温度在压缩终了时也相应提高。

（二）冷凝过程

由压缩机来的高压、高温制冷剂蒸气，在冷凝器中通过向管内的冷却水放出热量，使自身温度下降，同时在饱和压力（冷凝温度所对应的冷凝压力）下，冷凝成为液体。这时，冷却水因从制冷剂蒸气中摄取了热量，其温度有所升高。冷却水的温度与冷凝温度（冷凝压力）直接有关。

（三）节流过程

由冷凝器底部来的高温、高压制冷剂液体，流经节流孔口时，发生减压膨胀，使自身压力、温度都降低，变为低压、低温液体进入蒸发器中。

（四）蒸发过程

低压、低温制冷剂液体在蒸发器内从载冷剂（如冷水）中摄取热量后蒸发为气体，同时使载冷剂的温度降低，从而实现人工制冷。然后，蒸发器内的制冷剂蒸气又被压缩机吸入进行压缩，重复上述压缩、冷凝、节流、蒸发过程。如此周而复始，达到连续制冷的目的。

机组制冷基本循环原理如图 A1 所示。图 A1 中箭头所示为制冷剂的流向。

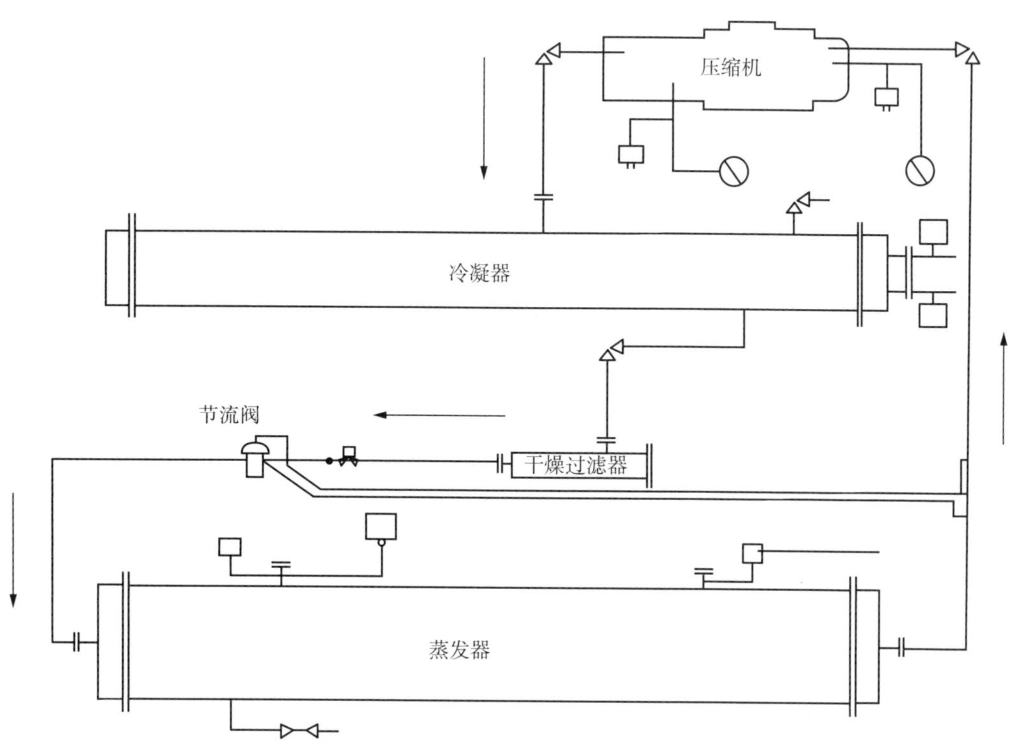

(a) 单机头机组系统原理

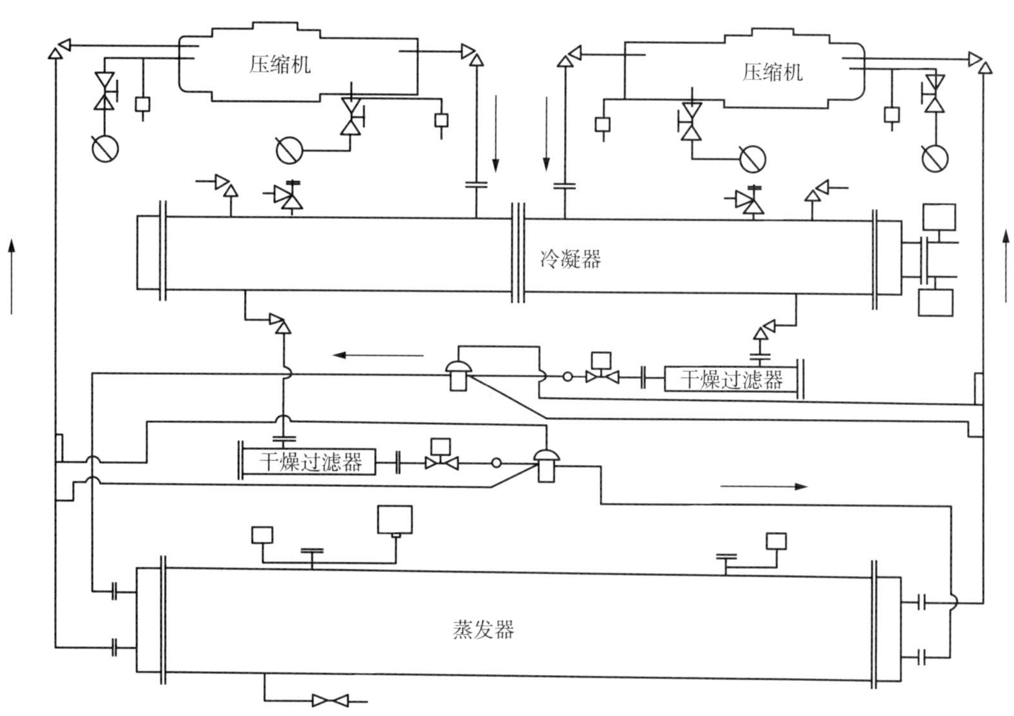

(b) 双机头机组系统原理

图 A1 机组制冷基本循环原理

五、机组外形尺寸

单压缩机并列式机组如图 A2 所示。单压缩机并列式机组尺寸见表 A1 所列。

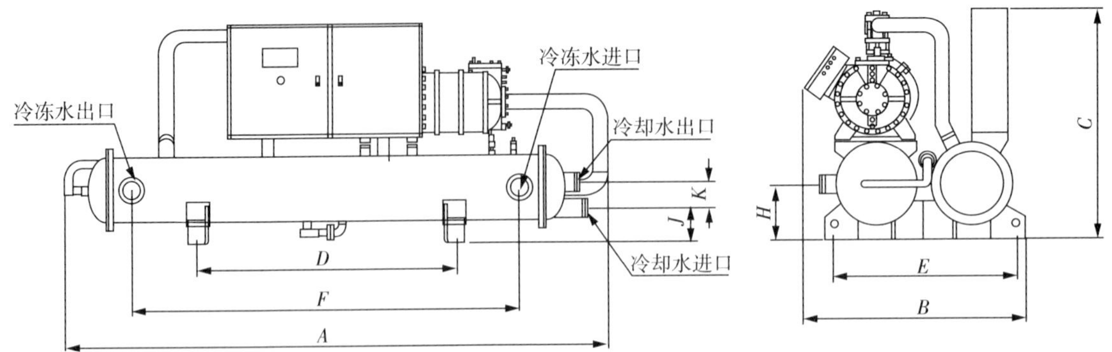

图 A2　单压缩机并列式机组

表 A1　单压缩机并列式机组尺寸　　单位：mm

型号	A	B	C	D	E	F	H	J	K	冷却水接口	冷冻水接口
LSBLG 255/M（Z）	2800	1165	1350	1600	880	1780	280	210	140	DN80	DN80
LSBLG 320/M（Z）	2800	1165	1350	1600	880	1760	280	210	140	DN80	DN80
LSBLG 400/M（Z）	2860	1285	1420	1600	1000	1780	326	246	160	DN100	DN100

双压缩机并列式机组如图 A3 所示。双压缩机并列式机组尺寸见表 A2 所列。

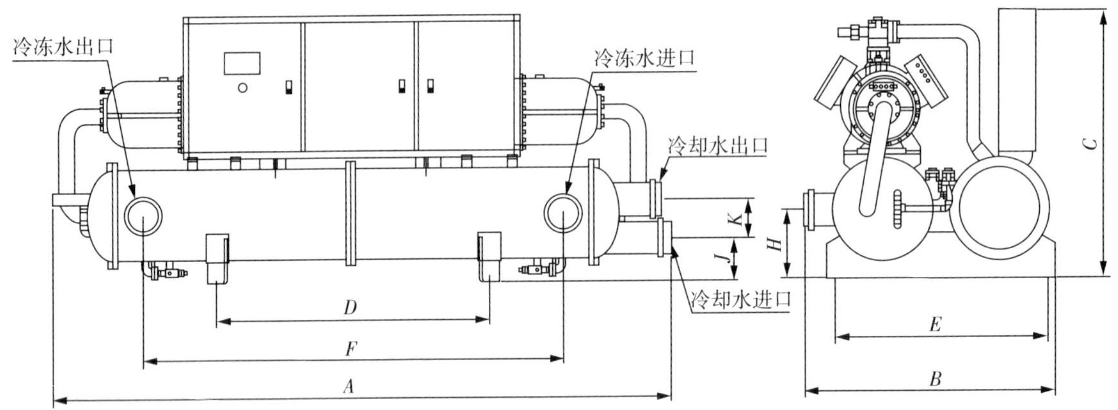

图 A3　双压缩机并列式机组

表 A2　双压缩机并列式机组尺寸　　单位：mm

型号	A	B	C	D	E	F	H	J	K	冷却水接口	冷冻水接口
LSBLG 970/M（Z）	4100	1630	1680	1800	1440	2120	415	290	200	DN150	DN150

六、机组变工况参数表

各机组变工况性能修正系数见表 A3 所列。

表 A3　各机组变工况性能修正系数

机组型号	冷冻水出水温度/℃	冷却水进水温度/℃									
		25		28		30		32		35	
		制冷量/kW	输入功率/kW	制冷量/kW	输入功率/kW	制冷量/kW	输入功率/kW	制冷量/kW	输入功率/kW	制冷量/kW	输入功率/kW
LSBLG×××/M (Z)	5	0.986	0.903	0.953	0.950	0.930	0.982	0.905	1.018	0.869	1.070
	6	1.023	0.911	0.988	0.960	0.965	0.991	0.940	1.026	0.902	1.080
	7	1.060	0.918	1.025	0.970	1.000	1.000	0.975	1.035	0.936	1.090
	8	1.099	0.927	1.064	0.970	1.037	1.009	1.012	1.044	0.972	1.100
	9	1.140	0.935	1.101	0.980	1.074	1.018	1.049	1.053	1.008	1.110
	10	1.183	0.943	1.139	0.990	1.113	1.027	1.088	1.062	1.045	1.120

七、机组应用数据

（一）机组运行参数范围

机组运行参数范围见表 A4 所列。

表 A4　机组运行参数范围　　单位：℃

项目	最小值	最大值
冷冻水出水温度	5	15
冷却水进水温度	19	35
冷却水出水温度	—	42
机组运行环境温度	−15	40

备注：

（1）对于冷冻水温度低于 5 ℃工况的应用要求，请进行定制，要求为机组配备防冻液；

（2）开机时，冷却水温度不得低于 10 ℃，满负荷运行时，冷却水进水温度不得低于 19 ℃；

（3）蒸发器、冷凝器进出水温差为 5 ℃，若有特殊要求需定制；

（4）以上的运行条件是系统的污垢系数在设计标准范围内。

（二）机组流量范围

机组可在水流量适度变化的状况下运行，流量允许的变化范围为标准额定流量的 60%～120%。要实现机组的出水温度在允许的流量状况下稳定，流量必须大于最小流量，并且每分钟的流量变化不大于 10%。

八、机械安装

（一）安装前

（1）在交付机组时，须检查机组的随机附件及其他配件是否完备。

（2）检查机组所有的外部组件是否有运输不当等原因造成的明显损坏。

（3）如果机组在安装前需要长时间储存，请遵循以下储存措施：

① 请勿取下机组启动/控制柜上的防护包装；

② 尽量在干燥、无振动的安全区域停放冷水机组；

③ 至少每三个月连接一次压力表，手动检查制冷回路中的压力，确认压力表数值正常。

（二）安装场所的选定

（1）机组的四周及上部应留有足够大的空间进行操作和维修：机组的两端中至少一端应留有足够大的空间（单机头机组为 3.1 m；双机头机组两端都应留有足够大的空间，一端为 3.5 m，另一端不少于 2 m），以清洗冷凝器和蒸发器的管簇或换管，也可利用门洞或其他位置合适的洞口；机组前方应留有 0.7 m 的空间以利于操作；机组后方及上方都应留有不少于 0.6 m 的空间。

（2）避免将机组安装于阳光直射或其他热源会直接辐射的地方。

（3）离电源近，方便配线。

（4）选择地面坚固、不易引发共振及噪声的场所。

（5）置于室内、通风良好、湿度小、沙尘少的地方。

（三）安装基础

（1）安装时，务必详细考虑基础台的预制和构造，尤其是将机器安装于中间层或顶层时，必须特别注意地板的强度、噪声抑制是否达标，最好与建筑物的设计者事先研究后再安装。

（2）为了方便排水，在基础台周围设置排水沟并且保证排水畅通。

（3）为了避免机组运行时的振动和噪声的传递，机组底座与基础之间应用减振垫隔离，且机组安装时需注意保持水平，必要时可考虑加装防振底座。

（4）机组安装基础台应保证水平建造，机组安装后应使机组在长度及宽度方向上的水平方向高度差不超过 5 mm，否则须采取措施调平机组。

（5）机组安装基础及固定方式可参考以下范例。安装基础如图 A4 所示。

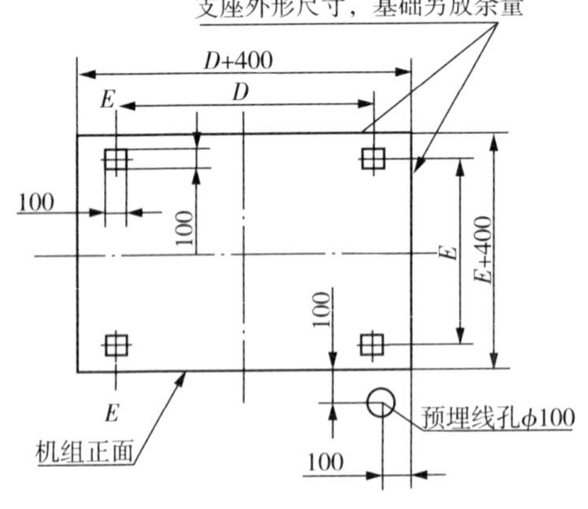

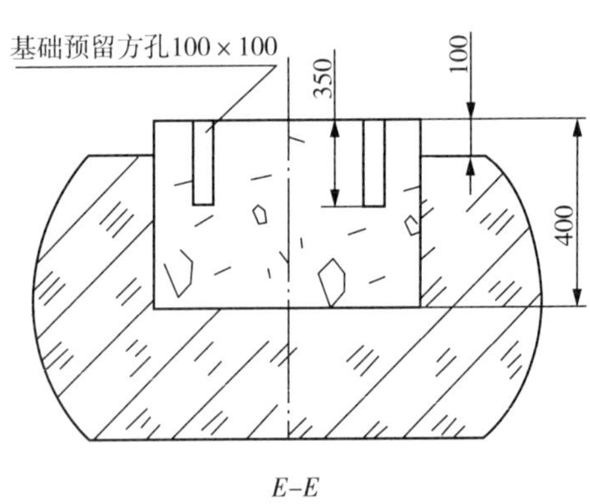

图 A4　安装基础

各机型基础螺栓安装尺寸见表 A5 所列。

表 A5　各机型基础螺栓安装尺寸

尺寸	型号			
	LSBLG 255/M（Z）	LSBLG 320/M（Z）	LSBLG 400/M（Z）	LSBLG 970/M（Z）
D/mm	1600	1600	1600	1800
E/mm	880	880	1000	1440

机组的固定方式如图 A5 和图 A6 所示。

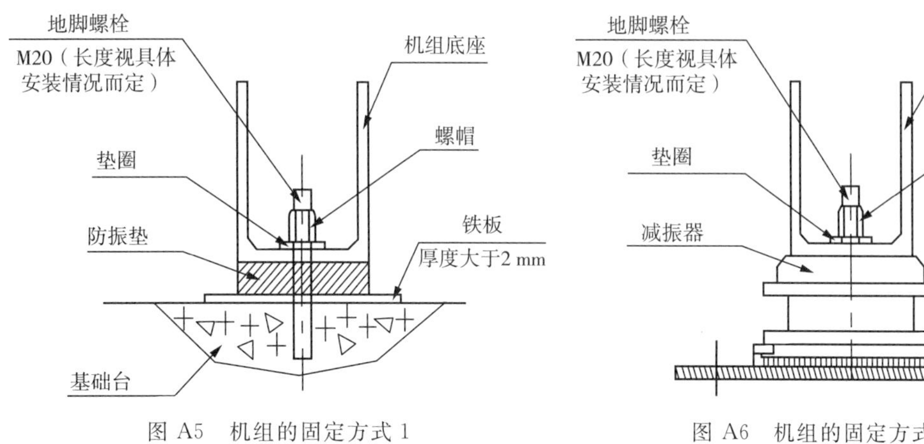

图 A5　机组的固定方式 1　　图 A6　机组的固定方式 2

注：①采用图 A5 固定方式时，根据安装基础图上安装孔位置，需在基础上预留地脚螺栓安装孔。

②采用图 A6 固定方式时，需在基础上预留减振器安装用地脚螺栓孔。

(6) 根据图 A7 和图 A8 选择减振装置，减振装置总的承重应大于或等于机组的运行重量。

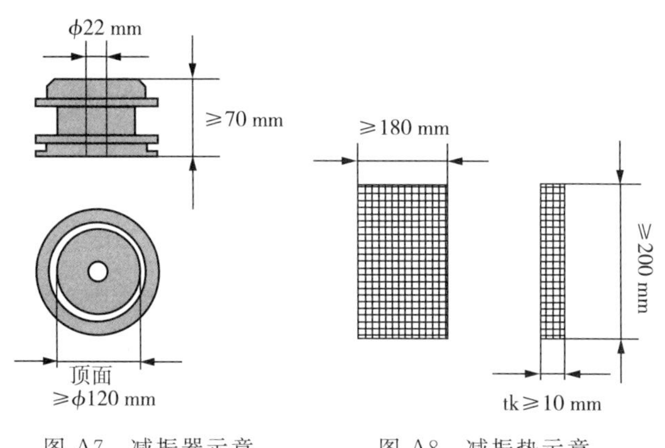

图 A7　减振器示意　　图 A8　减振垫示意

注意：①选用减振垫时需保证机组支座全部加上了减振垫；

②加装减振装置后，应调平机组，确保机组水平方向上的高度差小于或等于 5 mm。

(四) 机组吊装

制冷机组在制造厂组装完成，且经气密试验、真空试验合格后才出厂。为了不破坏机组的密封性，机组最好整机进场、整机就位；而且安装过程中不允许滑梯和铲车来搬动机组，组装时机组本身要安装在支架上，可以在需要的情况下进行吊装施工。为了避免在搬动机组的过程中使控制箱等部件受到碰撞而损坏，需要配置相应的工艺装备。

（1）搬运或搬入机房时，请勿与地面碰撞，以免造成太大的冲击力。

（2）移动机组时，请使用机体底部滚筒。

（3）使用吊车吊运时需小心处理，可使用宽形扁平带或钢索由底部捆起吊运。本机压缩机上的吊环只作吊装压缩机用，切不可用来吊装整机。吊运时，如果用钢索，那么钢索与机器接触处应有护垫，以免伤及冷媒管路或保温材料及配电箱等。吊钩处钢索应绕吊钩一圈，以免重量不平衡时钢索滑动，出现危险。

（4）单机头并列型机组吊装示意图如图 A9 所示。

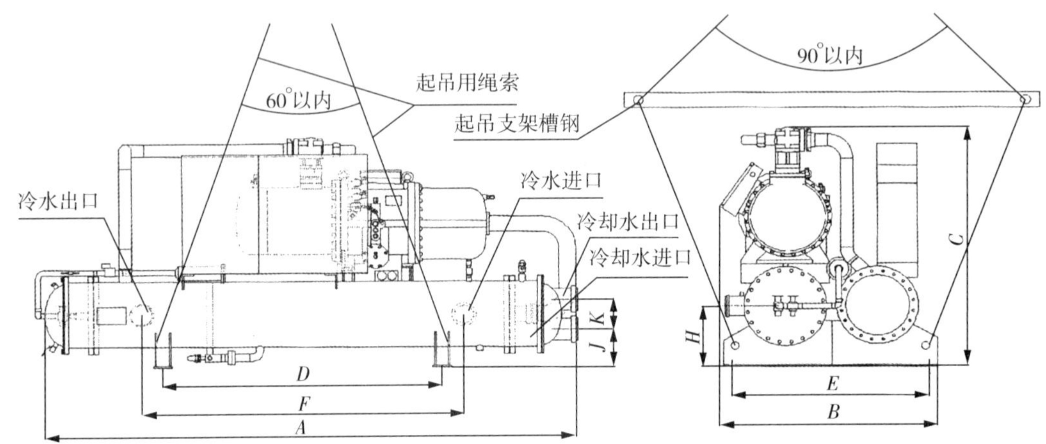

图 A9　单机头并列型机组吊装示意图

（5）双机头螺杆式冷水机组起吊示意图如图 A10 所示。

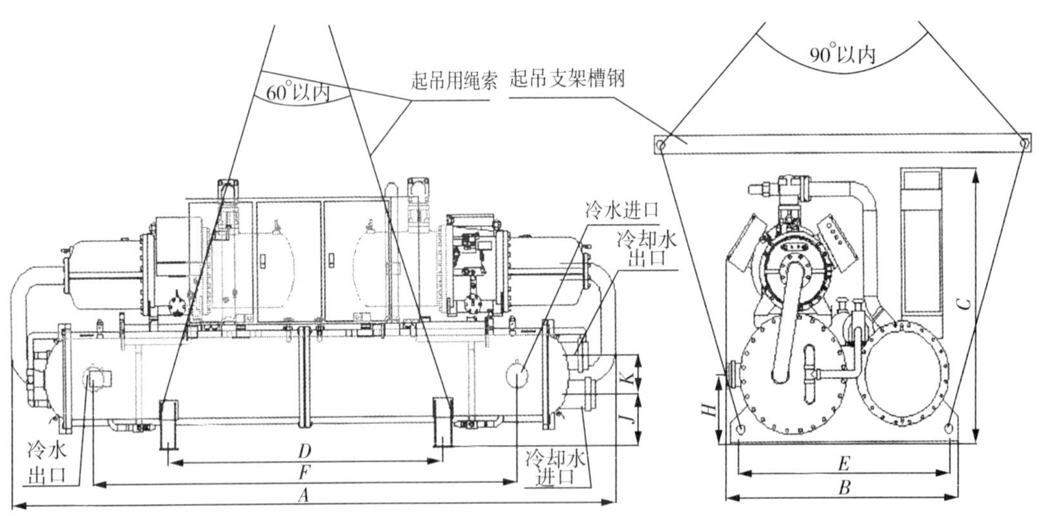

图 A10　双机头螺杆式冷水机组起吊示意图

机组起吊注意事项如下：

（1）用起吊支架槽钢进行辅助起吊，是为了防止在起吊机组时钢绳挤压机组（特别是电控箱）导致机组受损而采取的措施，建议用户在机组起吊时采用此方式。

(2) 起吊时钢绳索下端通过吊钩固定在机组支座的 4 个吊装孔上，上端置于二支撑槽钢两端（长度大于机组宽度，保证起吊时钢绳不碰触机组）。

(3) 机组外形尺寸及重量请参阅产品说明书，并根据该数据选择制作载重量和长度合适的钢绳索。

(4) 机组在吊运过程中，严禁任何人员站在机组下方。

(5) 为防止机组在吊运过程中因重心高而发生侧翻，强烈建议在机组吊装时加装防侧翻缆绳，将机组与吊梁用缆绳固定并留有适当余量，以防止机组在吊运过程中倾翻。

(6) 美的公司对于因不正确的吊运而造成的机组损坏或人身伤害不负任何责任！

警告：

(1) 安装起吊支撑槽钢时，应使起吊后钢绳索不接触机组表面，否则可能损坏系统管路或启动/控制柜！

(2) 用来起吊机组的钢绳索必须能够支撑整个机组的重量，防止绳索过拉绷断造成机组跌落损坏或人员伤亡！

(3) 起吊时，必须先提升一个最小高度，检查钢绳索是否等长，以保证绳索受力均匀及机组得到水平提升！

九、水系统安装

(1) 机组进出水管阀门应保温得当，避免冷量损失及凝露现象的产生。

(2) 为确保蒸发器与冷凝器及管路系统有足够的水量，蒸发器与冷凝器出水侧应装设水流开关，且与压缩机连锁控制，以避免蒸发器缺水导致内部冷冻水冻结，低压侧压力太低，系统回油不良或者冷凝器压力过高，导致高压保护等现象。我们随机提供两个“Rc1”的接头。

(3) 采用闭式水系统时，为了减弱水体积的膨胀或收缩现象以及隔离补给水压对水配管的影响，冷冻水回水总管上应装设膨胀水箱，膨胀水箱的水面比水系统配管最高点至少需高出 1 m。

(4) 冷水机的冷冻水泵应装于蒸发器的入口侧。

(5) 为了避免水系统中充有空气，导致空气滞留，水配管局部最高处应装备自动排气阀，且水平管须向上以 1/250 倾斜度施工。水系统管路安装前应除锈，确保洁净且无焊渣等。机组投入运行前需一直保持清洁状态。

(6) 配管时，机组的出入口请装防振软接头，以减少机体经水管传到各室内的振动。

(7) 机组进出口处宜装设温度计和压力表，以便日常运转中的检查。

(8) 冷水机运转使用时，蒸发器内水量必须保持于额定流量的 50% 以上，以防事故发生。

(9) 进出水配管附件应装设接管座，以便检修时易于与水管分离。

(10) 水管重量不得由机组来承受；水泵进出水口与相应水管连接时，均应安装橡胶接头隔离，以免振动、噪声的传递及相互干扰。

(11) 冷水机组冷凝器、冷却水配管示意图如图 A11 所示。

(12) 冷水机组蒸发器、冷冻水配管示意图如图 A12 所示。

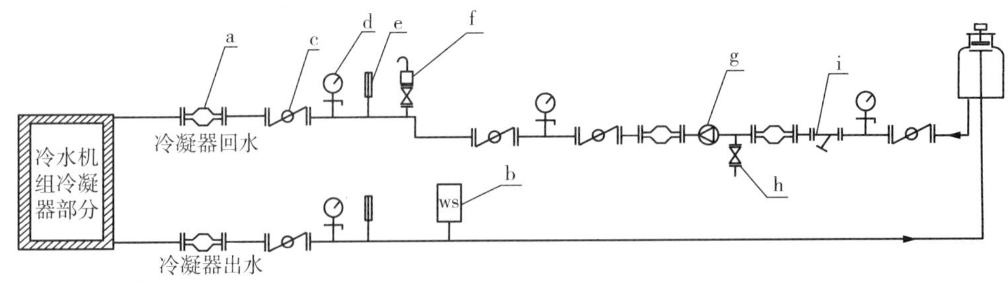

a—防振接头；b—水流开关；c—碟阀；d—压力表；e—温度计；

f—自动放气阀；g—冷却水泵；h—排水阀；i—“Y”形过滤器。

图 A11　冷水机组冷凝器、冷却水配管示意图

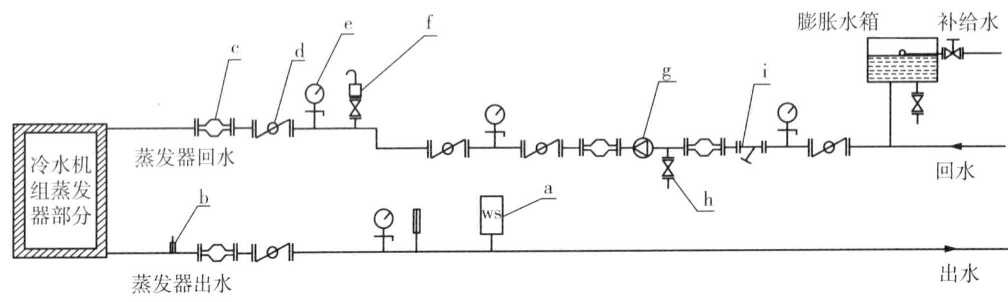

a—水流开关；b—压力式温度控制器；c—防振接头；d—蝶阀；e—压力表；

f—自动放气阀；g—冷冻水泵；h—排水阀；i—“Y”形过滤器。

图 A12　冷水机组蒸发器、冷冻水配管示意图

在每个蒸发器和冷凝器的出水管上，必须安装水流开关，它的两端必须是5倍管径以上的水平直管段。按照水管的规格来调整水流开关的桨叶，参见水流开关的制造商手册。该开关与控制盘上的端子相连。

警告如下。

(1) 安装水流开关时，应确认水流方向；水流开关不能用来开机和关机，它只是安全开关。

(2) 冷水机组水系统使用未处理或处理不当的水将导致结垢、腐蚀等情况，美的公司对于因使用未处理或处理不当的水而造成的设备故障不承担任何责任！

(3) 为防止蒸发器或冷凝器损坏，必须在水系统管路中安装过滤器，以避免水流中的杂质进入而造成蒸发器或冷凝器损坏！

(4) 蒸发器或冷凝器水室设计承压一般不超过 10 kgf/cm^2G。若水压超过此值，请选购美的公司与此压力相匹配的承压水室，否则可能造成设备损坏。

十、电气安装

(一) 警告

(1) 螺杆冷水机组应使用专用电源，电源电压不得超过机组使用允许电压范围。

(2) 为了保证机组安全运行，电气安装部分必须由专业电气人员进行安装和调试。

(3) 按照国家有关电器设备技术标准的要求，设置好漏电保护装置。

(4) 供电线路必须配有进线断路器，机组必须可靠接地，接地必须为实地。

(5) 输入电源线必须通过合适的工具施加合适的力矩进行紧固连接，并且不定期检查，

防止松动，接地导体的最小截面积必须大于或等于供电电源电缆的截面积。

(6) 所有接线施工完成后，经仔细检查无误后才可接通电源。

(7) 用户切勿尝试自行修理。如果修理不当，可能导致机组损坏甚至造成严重的人身伤害后果或重大的财产损失。用户若有任何修理的需要，请与美的公司维修中心联系。

(8) 只可使用由本公司指定品牌型号的电气元件，并要求制造商或授权经销商提供安装、技术服务。

(9) 请详细阅读电控箱上张贴的各种标签。

(二) 供电电源要求

常规电源：380 V-3 相-50 Hz。

允许电压范围：额定电压±10%。

允许频率范围：额定频率±2%。

启动阶段最大电压降：额定电压的 10%。

允许电压不平衡率：±2%。

允许电流不平衡率：±5%。

不平衡电压通常发生在机组加载过程中。在加载中，当一个或多个相与其他相存在差异时，不平衡电压就会出现。这应该归咎于每个加载相间的阻抗或类型和值的差别。不平衡电压会引起很严重的问题，特别是压缩机易出现严重问题。

$$\text{电压不平衡率}=\frac{\text{三相电压中电压平均值与最大值差异}}{\text{电压平均值}}\times 100\%$$

不平衡电压在电机终端会引起相间电流的不平衡。对于一个满载电机而言，电流不平衡会引起压缩机电流过大而导致过热，以致于缩短压缩机的寿命，甚至烧毁电机。

$$\text{电流不平衡率}=\frac{\text{三相电流中电流平均值与最大值差异}}{\text{电流平均值}}\times 100\%$$

(三) 接线要求

(1) 机组电控箱上具备电源进线孔及侧进线孔，用户可根据实际情况进行选择。用户通过进线孔将三相电源、中性线及接地线接入后，需对进线孔做密封处理。

(2) 建议机组使用独立的供电电源，若与其他设备共用电源，请按电气设计规范，根据表中提供的功率进行计算并选择配电容量，以免发生超负荷危险，并做好 EMI（电磁干扰）防护，防止其他设备对机组造成干扰，影响机组正常运行。

(3) 必须选择适当规格的电缆为机组供电，电缆的长度必须能够保证机组满负荷运行时电源线上的电压低于额定值 2%。若传输长度无法缩小，则电缆需加粗。

(4) 用户接线完毕后必须做好进线孔处的防水、防尘及密封工作。

(5) 设备绝缘电阻测试应在设备电路无电情况下进行，可以用电压等级为 500 V 的兆欧表测量设备壳体与可带电端子间、相与相之间的绝缘电阻，按照标称电压（380V）绝缘电阻至少为 1 MΩ。

(6) 为保护人身安全，机组壳体应有良好、可靠的接地保护装置，以防触电事故的发生。

(7) 电控箱的控制回路电缆必须采用屏蔽线，并且屏蔽层必须可靠接地，以免产生干扰。

(8) 进线电源必须配备带有分断保护能力的进线电源开关，这样可以起到保护机组的作用。

(9) 进线电源的相序应与机组工作需求电源相序保持一致。

(10) 远程控制线的连接：使用点动式开关，见附录中电气线路图 A33、A37、A38。

(11) 水流开关控制线的连接：用户自备水流开关，见附录中电气线路图 A33、A37、A38。

(12) 机型电流见电气性能表，用户可自行参照相关的国家规范选择电缆，但电缆线径不得小于推荐线径。

(13) 确认设备已用短而粗的接地电缆可靠接地，电缆线径及接地电阻须符合国家标准。

(14) 由虚地或用户工作疏漏引起的电气事故，美的公司不承担任何责任。

电源进线接线示意图及水泵接线示意图如图 A13 及图 A14 所示。

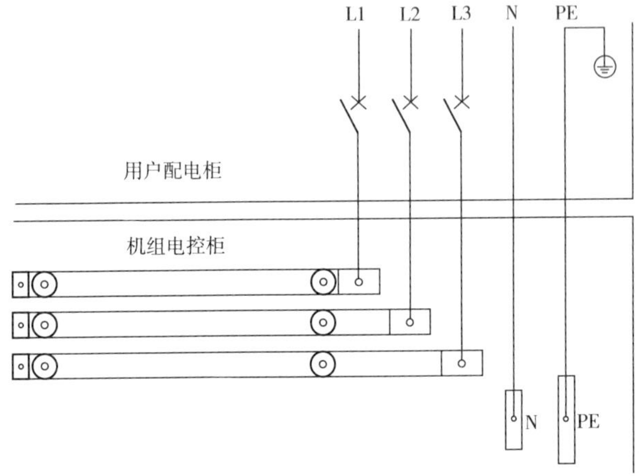

图 A13　电源进线接线示意图

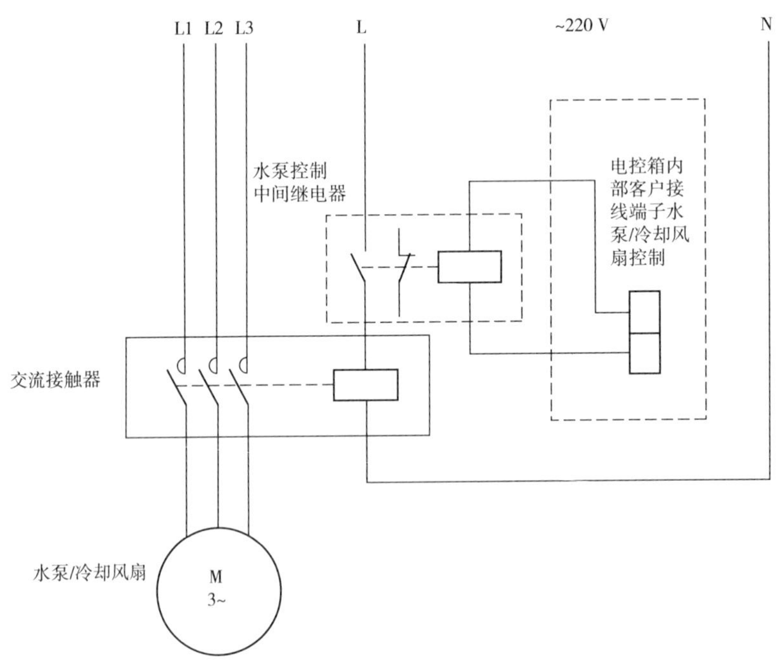

图 A14　水泵接线示意图

电气性能见表 A6 所列。

表 A6　电气性能

机组型号	机组额定电流/A	机组最大运行电流/A	压缩机启动电流/A	建议断路器额定电流/A	建议外配线进线电缆（空气敷设）
LSBLG 255/M（Z）	94	126	230	160	4×BVR35＋BVR16
LSBLG 320/M（Z）	111	150	260	160	4×BVR50＋BVR25
LSBLG 400/M（Z）	149	200	291	250	4×BVR70＋BVR35
LSBLG 970/M（Z）	173＋173	232＋232	407/407	630	4×BVR240＋BVR120

注：“4×BVR35＋BVR16”表示 3 根 BVR35 的相线加 1 根 BVR35 零线及 1 根 BVR16 的地线。

十一、机组试运行

螺杆式冷水机组调试应由专业技术人员进行正确的操作及维护，非专业人员请不要随意进行操作及使用。

（一）试运行注意事项

（1）配管水系统应试水的水压为 5 kgf/cm^2，将管内空气排除（调整放气阀），以及进行排水状况测验。

（2）检查电源之电压不得超出±5%，马达试运转电流值不得超出额定电流，三相不平衡电压须在±6 V 以内。

（3）打开主系统及油回收系统所有阀门（保持主管路及回油管路的通畅）。如在运行过程中排气温度一直低于 45 ℃，可以适当关小供液管组角阀的开度，但切记不能将供液阀门完全关闭。

（4）主机试运转时，检查压缩机的转向。

（5）主机试运转时，应注意高压压力表、低压压力表指示压力，制冷剂充填过量或不足均可以影响压缩机寿命及冷冻水温度。

（6）检查主机运转时的连锁控制系统。

（7）测试室内温度与室外温度。

（8）检查冷冻水管及排水管的保温状况，绝不可有冷凝水产生。

（9）刚开始试车运转时，专业施工人员必须在现场 8 h 以上，注意系统有无任何变化，以便随时应变，并连续检视一周以上，填好记录表，以备日后保养参考。

（10）在主机搬运途中及运转一段时间后，因振动，接管、接头部分可能泄漏，故专业人员仍应于试车前后进行探漏试验。

（二）机组试运行操作步骤

1. 开机前的检查

（1）确认吸气、排气管路，检查回油管路、供液管路上的阀门是否开启，管路是否通畅。判断压缩机冷冻油是否已加热了足够的时间，加热时间一般为 2～8 h。机组内设加热时间为

4 h，否则无法启动机组。请开机前提前通电，确保加热 4 h 以上（压缩机冷冻油加热时间随环境温度而定，环境温度越低，加热时间越长）。

（2）检查冷冻水循环系统及冷却水循环系统是否充满足够的水量，并注意补水阀是否打开。

（3）检查各管路及开关把手是否处于适当的位置。

（4）检查配电柜上各控制开关及元件是否有不正常现象。

（5）检查电源、电压是否正常。

（6）检查主机压力表是否正常。正常情况下，室温为 25～28 ℃时，高压压力表、低压压力表的压力为 7～10 kgf/cm^{2}G。

2. 机组启动程序

（1）启动冷却塔风扇电机。

（2）启动冷却水循环水泵。

（3）启动冷冻水循环水泵。

（4）启动压缩机。

注意：在主画面上按“启动”键并确定，机组将自动加载运行。启动压缩机时，观察压力表指针走动情况，如有异常，立即停机。

3. 停机程序

依启动程序反顺序进行。将运行状态上面主画面的“启动”键变为“关机”，点击“关机”并确定，机组将自动卸载停机。（特别提示：压缩机停机后，至少 5 min 后才能停冷冻水循环水泵，再间隔停冷却水泵、冷却塔风扇。）

（三）机组运转时的注意事项

1. 电气部分

（1）检查启动后电压（±10%以内）是否正常。

（2）检查开机后运转电流值是否正常（参见表 A6）。

（3）检查各项电源开关是否准确开合。

（4）检查高压、低压开关跳脱值设定是否正确。

2. 系统部分

（1）检查压缩机马达运转是否正常，噪声是否过大或有异常声音。

（2）检查各循环水泵运转是否良好，水压值是否合理（水压值≤10 kgf/cm^{2}G）。

（3）检查机组高、低压压力表读数是否在正常范围内（结合水温情况判断）。

（4）观察冷冻油油位及蒸发侧回油管视油镜，检查回油是否正常。

（5）确认机组无渗漏。

（6）观察机组吸气管路是否结霜，避免液体被压缩。

3. 蒸发器部分

（1）检查冷冻水流量是否正确。

（2）检查冷冻水进出口温差是否在合理范围内（一般 3～8 ℃为正常）。

（3）检查冷冻水出水温度是否在合理范围内（一般 5～15 ℃为正常）。

（4）检查冷冻水出水温度是否稳定。

（5）判断回气过热度是否适当（一般 5～8 ℃为正常）。

4. 冷凝器部分

（1）检查冷凝温度是否过高（结合冷却水温度判断）。

（2）检查冷却水流量是否正确。

（3）检查过冷度是否正常。

（四）其他注意事项

（1）首次开机前，务必通电 8 h 以上，以防止启动时冷冻油发生起泡现象。若环境温度较低，冷冻油加热时间须相对延长。一般在系统停机时，冷冻油加热器须持续加热，切勿切断电源，除非机组长时间不使用才考虑切断电源。

（2）不同品牌的冷冻油绝对不能混合使用，添加冷冻油时必须确认冷冻油品牌和规格。若需要更换冷冻油，须将压缩机内部与系统中残存的所有冷冻油清理干净后才可添加新冷冻油。还须注意某些合成油与矿物油相容而产生质变，故加入新油并运行一段时间后，须再次更换一次新油，以彻底清除残油。

（3）若启动压缩机时有意外情况发生，可通过面板紧急停机按钮停机。

（4）螺杆式冷水机组是专业性很强的设备，检修或拆卸（如有必要）都必须由专业厂家或具有专业水平的人进行。用户不得随意拆卸机组上的任何零件或调整控制器的设定值，否则可能引发严重事故。

（5）若机组使用电子膨胀阀，未经本公司售后人员许可，不得调整其控制器参数，否则将造成机组无法正常运行。

（6）机组在回收制冷剂或者充/放制冷剂时必须保持蒸发器和冷凝器中的水流量充足，水流量不足或切断水流量将可能导致在制冷剂的充放过程中冻裂换热管！

（7）建议机组在连续运行 2～3 年后彻底更换机组冷冻油，新油加注以前须将原冷冻油全部排净。

十二、使用部分

注：本部分画面图片以双机有级为基础，单机是在双机的基础上删减了从机部分。无级增加了电流显示和修改了电磁阀定义。如有部分修改，恕不另行通知，以实际画面为准！

（一）文本控制器操作系统结构

文本显示器面板如图 A15 所示。

图 A15　文本显示器面板

文本控制器操作系统界面结构如图 A16 所示。

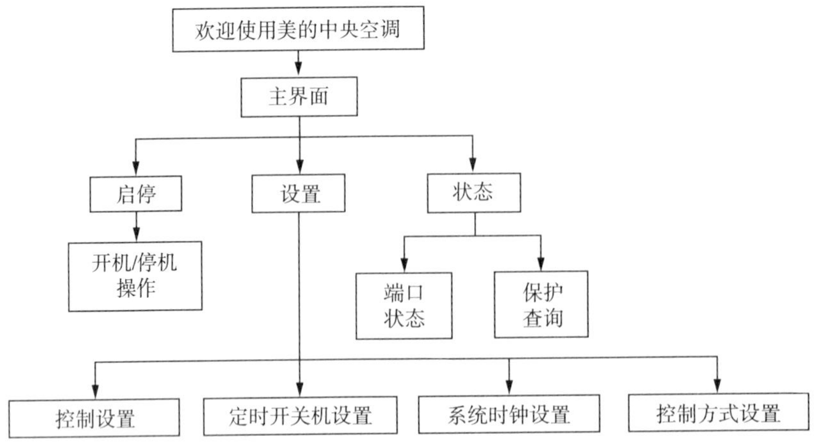

图 A16 文本控制器操作系统界面结构

注：在任何界面上点击 ALM 按键均可进入故障确认界面；在任何界面上点击 ESC 按键均可退回到上一级界面。在“1＃状态”界面上点击“②”按键可进入“2＃状态”界面，在“2＃状态”界面上点击“①”按键可进入“1＃状态”界面。状态界面如图 A17 所示。

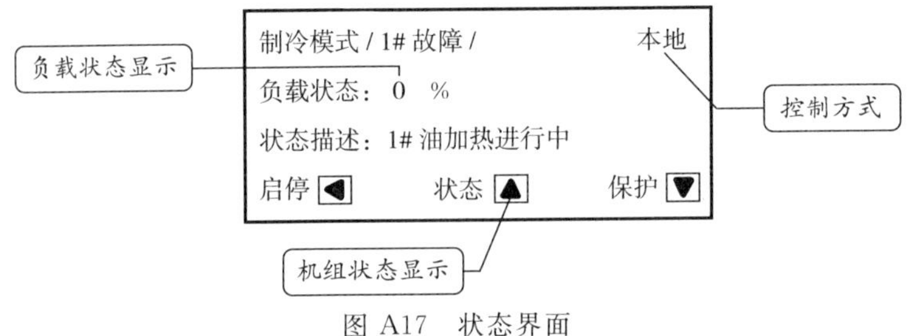

图 A17 状态界面

运行参数设置、运行模式设置请进入“控制设置”，具体参见本部分（三）第 1 点和本部分（三）第 2 点。

开机/关机操作，请进入主界面或者状态界面，具体参见本部分（三）第 3 点。

系统时钟设置，具体参见本部分（四）。

出现故障，请进入故障确认界面进行清除，具体参见本部分（五）。

远控与本地模式切换设置请进入“控制方式设置”，具体参见本部分（六）。

使用定时开关机功能，请进入“定时开关机设置”，具体参见本部分（七）。

（二）文本界面基本信息说明

在“欢迎使用美的中央空调”界面上，点击按键 ▶ 可以进入主界面（图 A18）。

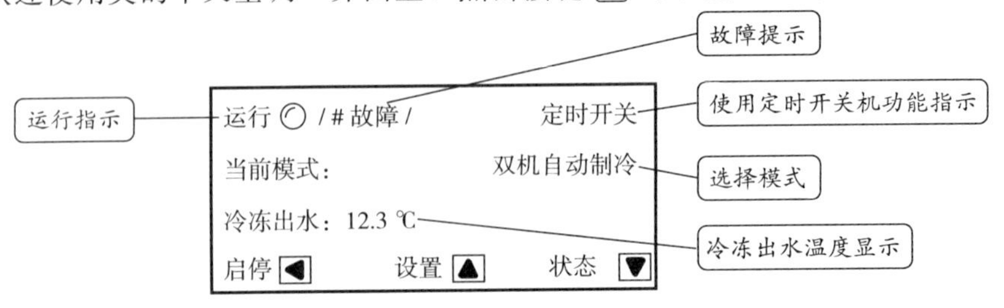

图 A18 主界面

注意事项如下。

(1) 如果故障存在，提示“1♯机故障”“2♯机故障”“双机故障”，那么对于故障存在的主机，不能开机，故障排除后需手动确认才能开机。

(2) 单机模式下，自动选择运行时间较短的主机，一台发生故障后自动开启另一台；也可选择“1♯”主机或“2♯”主机手动模式，一台发生故障后另一台主机不会自动开启。

操作说明：

(1) 点击“◀启停”按键，进入开机/关机控制画面；

(2) 点击“▲设置”按键，进入设置选择画面；

(3) 点击“▼状态”按键，进入状态监视画面；

(4) 在主画面上，点击“▼状态”按键进入状态监视界面。

操作说明：

(1) 点击“①”数字按键，查看“1♯”机状态；

(2) 点击“②”数字按键，查看“2♯”机状态；

(3) 点击“③”状态按键，查看冷却进（出）水温度、冷冻进（出）水温度及排气温度。

保护状态界面如图 A19 所示。

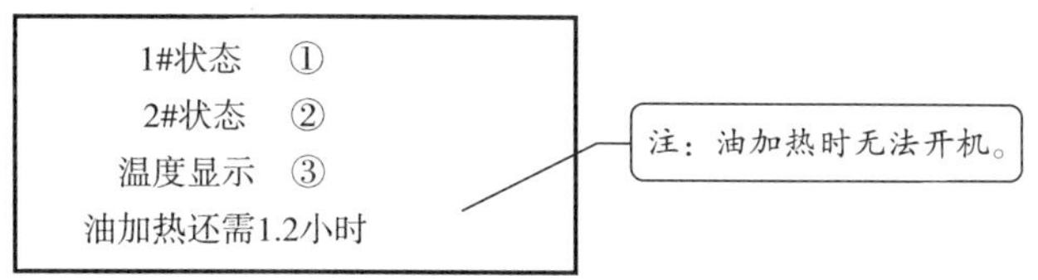

图 A19　保护状态界面

操作说明：

点击“▲状态”查看输出状态，输出界面如图 A20 所示；点击“▼保护”查看保护状态。保护信息查询界面如图 A21 所示。

注：油加热时无法开机。

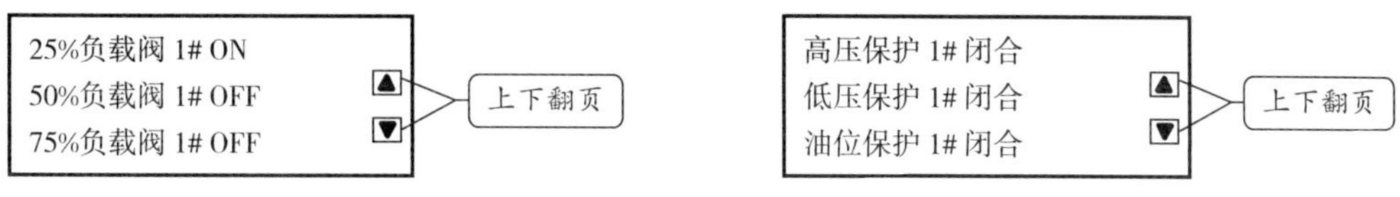

图 A20　输出界面　　图 A21　保护信息查询界面

(三) 功能操作说明

1. 控制设置操作说明

在主界面上点击“▲设置”进入设置选择界面，点击“①”控制设置，进入后选择“▲用户参数”进入设置。工厂参数需密码才能获得，不开放给用户。

冷冻出水温度设置
冷冻出水　12℃（7～12）▲
温控范围　1.2℃（1～3）▼

图 A22　控制参数设置界面

进入控制参数设置界面（图 A22）后，点击“SET”，对变亮的地方用面板上数字键进行修改，用“◀▶”键修改数字位，然后点击“ENT”完成设置。界面显示出新设置值后，设置光标自动跳转到下一个设置位置，若不设置点击“ESC”退出即可。

2. 模式设置操作说明

在主界面上点击“▲设置”进入设置选择界面，点击“▲控制设置”，进入后往下选择模式设置界面。

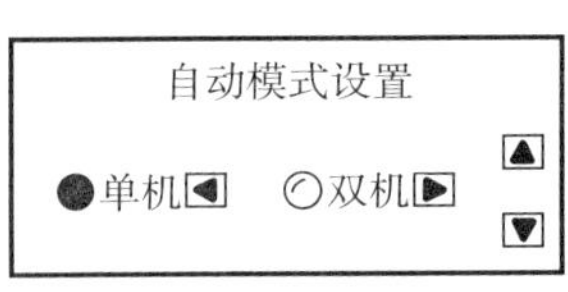

图 A23　模式设置界面

进入模式设置界面（图 A23）后，点击“◀”选择单机模式，点击“▶”选择双机模式，选择后旁边的指示灯会亮起，选择单机模式。继续向下翻页可设置手动“1＃/2＃”模式，设置方式相同。

注：仅在双机处于停机状态下才可设置运行模式。

3. 开机/关机操作说明

在主界面或状态监视界面上，点击“◀”启停。若处于停机状态进入开机界面（图 A24），若处于运行状态进入关机界面（图 A25），点击面板即确认操作，完成后该界面右上角指示灯亮起。

图 A24　开机界面

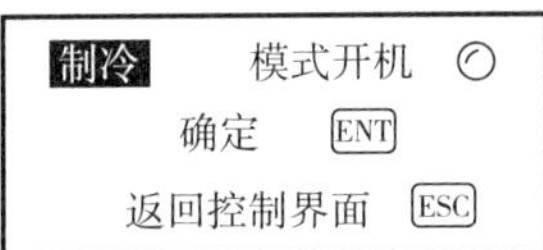

图 A25　关机界面

（四）系统时钟设置操作说明

在主界面上点击“▲设置”进入设置选择界面，点击“◀”（时钟设置按键）进入时钟设置界面（图 A26）。

1. 系统时钟读取

进入系统时钟设置界面后，点击“◀”，显示当前系统时间。

2. 系统时钟修改

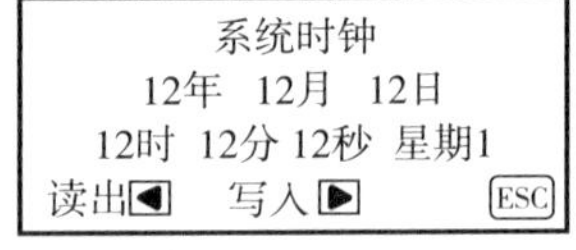

图 A26　时钟设置界面

进入系统时钟设置界面后，点击“SET”，对变亮的地方用面板上数字键进行设置，用“◀▶”键修改数字位，然后点击“ENT”完成一个设置，光标自动跳到下个可设置的点，若不做修改可直接按“SET”跳到下一个设置点，若无须设置点击“ESC”退出即可。输入完成后点击“▶”保存按键，完成系统时钟设置。

（五）故障确认操作说明

出现故障后，点击“ALM”，进入故障确认界面（图 A27）。

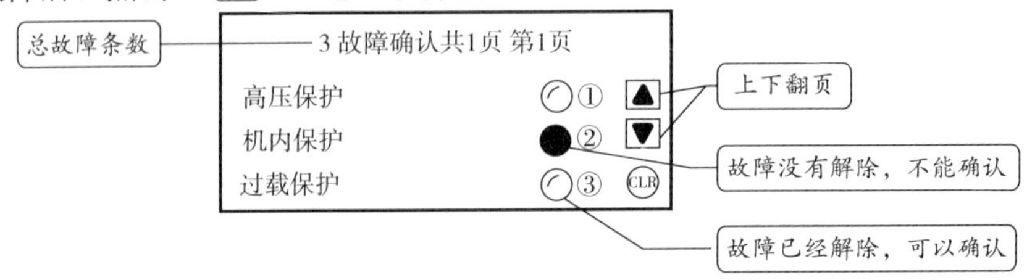

图 A27　故障确认界面

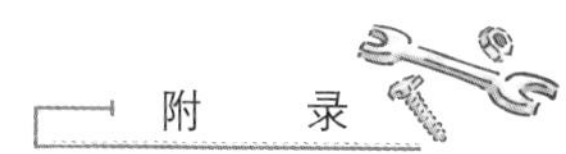

按面板上的“CLR”键即可确认清除该条故障记录，若执行操作后未清除，请重复该操作。

注：故障未消除不能确认故障，故障全部确认清除完毕后才能再次开机。

（六）控制模式设置操作说明

系统可在两种控制模式中切换，分别是本地模式和远控模式。选择一种控制模式后，其余控制模式均失效。

切换为“远方控制”后，“远方启停”（输入点）有效，可通过“本地”直接切换回本地控制。控制模式切换如图A28所示。

当前控制模式：本地
本地模式切换　①
远控模式切换　②

图 A28　控制模式切换

（七）定时开关机功能操作说明

在主界面上点击“▲设置”按键进入设置选择界面，点击面板上“▼”（定时开关机设置按键）进入定时开关机选择界面，然后点击面板上“◀”按键进入周定时设置界面（图A29），点击面板上“▶”按键进入单次定时设置界面（图A30）。

1. 周定时设置

进入周定时设置界面（图A29）后，点击面板上“SET”按钮，对变亮的地方用面板上数字键进行设置，用“◀▶”键修改数字位，然后点击面板上“ENT”按键，光标自动跳到下个可设置的点，若不设置，点击面板上“ESC”按键退出即可。设置完成后点击面板上“▶”启用按键，左上方指示灯亮，周定时开关机功能启用。每周同一时间只要系统上电，机器就会按照设置开机、关机，点击面板上“◀”（取消按键），关闭周定时功能。

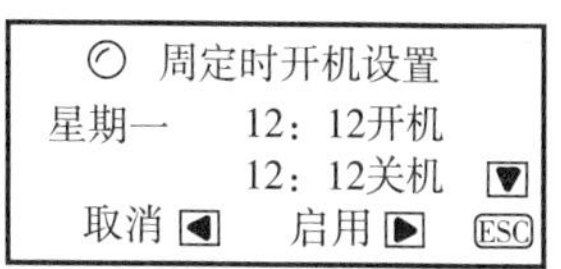

图 A29　周定时设置界面

2. 单次定时设置

进入单次定时设置界面（图A30）后，点击面板上“SET”按钮，对变亮的地方用面板上数字键进行设置，用“◀▶”键修改数字位，然后点击面板上“ENT”按键，光标自动跳到下个可设置的点，若不设置，点击面板上“ESC”按键退出即可。设置完成后点击面板上“▶”（启用按键），左上方指示灯亮，单次定时开关机功能启用，仅一次有效，点击面板上“◀”（取消按键），关闭单次定时开关机功能。

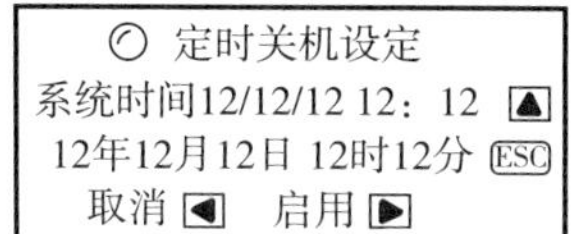

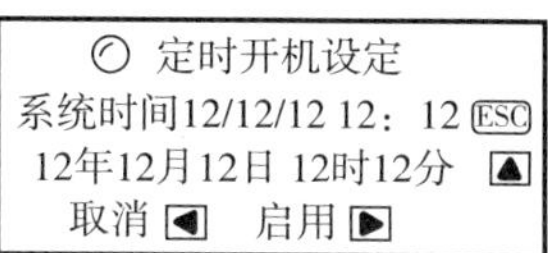

图 A30　单次定时设置界面

十三、故障分析及处理

（一）故障信息

该螺杆机组控制系统不仅具有强大的微电脑控制功能，还具备表A7所列的系统自我保护功能，这样可以保证机组在无人看管的情况下安全、无忧运行。同时，任何报警保护产生，外接警铃都会发出声响报警。

表 A7 系统自我保护功能

保护项目	说明
压缩机高压、低压保护	保证压缩机在允许的运转范围内运转，保证压缩机的运行寿命
电源逆相、缺相保护	保护压缩机不会在电源逆相和缺相的情况下运行而出现损坏
过载保护	保护压缩机不会因为过载超负荷运行而被烧毁
压缩机过流保护	保护压缩机在恶劣工况下运行时不会因为过大的电流而被烧毁
机内保护	保护压缩机在允许的性能条件下安全运行
机组防过热保护	保护压缩机不会因为缺少制冷剂或缺油运行而出现机组烧毁现象
水流开关保护	保证机组不会因为缺水无法进行换热而出现压缩机烧毁和水泵空转烧毁现象
传感器故障保护	保证传感器回传的数据准确无误，以免控制系统由于数据错误而产生误动作
油位保护	保证压缩机正常合理运转
排气温度过高保护	保护压缩机在允许的性能条件下正常运行

（二）故障分析及排除

故障分析及排除见表 A8 所列。

表 A8 故障分析及排除

序号	故障现象	可能原因	处理方法
1	低压报警	(1) 系统管路阀门未打开或开度过小。 (2) 接线错误。 (3) 低压开关损坏。 (4) 电子膨胀阀动作不正确或卡死。 (5) 系统缺少制冷剂。 (6) 吸气过滤网或过滤器堵塞	(1) 将未打开的阀门打开。 (2) 更正错误的接线。 (3) 更换新的低压开关。 (4) 调整膨胀阀参数或更换电子膨胀阀，保证运行时阀体动作正常。 (5) 补充足够制冷剂。 (6) 检查并更换堵塞的吸气过滤网及干燥过滤器
2	高压报警	(1) 系统管路阀门未打开或开度过小。 (2) 接线错误。 (3) 高压开关损坏。 (4) 冷却水水温过高。 (5) 制冷剂充注过多。 (6) 冷却水脏，冷凝器换热效果差。 (7) 系统真空度不够，混有空气。 (8) 制冷剂型号错误	(1) 将未打开的阀门打开。 (2) 更正错误的接线。 (3) 更换新的高压开关。 (4) 调整机组冷却水进出水温度，保证其达到要求。 (5) 重新调整系统制冷剂量。 (6) 定期清洗水系统。 (7) 将氟系统排空。 (8) 重新充注正确的制冷剂
3	膨胀阀异常（使用电子膨胀阀机组）	(1) 膨胀阀控制模块接线错误。 (2) 膨胀阀阀芯卡死。 (3) 膨胀阀参数设置不正确。 (4) 膨胀阀控制模块损坏	(1) 接好松脱的电线，更正错误的接线。 (2) 更换膨胀阀阀体。 (3) 将膨胀阀参数设置正确。 (4) 更换膨胀阀控制模块

（续表）

序号	故障现象	可能原因	处理方法
4	压缩机机内保护	（1）接线错误，接线不牢。 （2）保护模块输入电源错误。 （3）内置温度传感器故障。 （4）压缩机电机过热或排气温度过高	（1）接好松脱的电线，更正错误的接线。 （2）调整或更换元器件，保证输入电源符合要求。 （3）更换温度传感器。 （4）调整工况至机组允许的运行范围
5	机组能量调节异常	（1）压缩机能量调节电磁阀接线错误。 （2）能量调节电磁阀阀芯脏堵	（1）接好松脱的电线，更正错误的接线，更换损坏的电磁线圈。 （2）清洁电磁阀阀芯或更换电磁阀阀芯
6	机组噪声或振动异常	（1）轴承损坏故障。 （2）压缩机液态压缩。 （3）失油致机械件润滑不良。 （4）内部机件松动。 （5）容调电磁阀脉冲共振。 （6）异物进入压缩室	（1）检查压缩机轴承是否损坏，若损坏则更换压缩机。 （2）调整系统过热度使其适合机组运行。 （3）清洁油路，或添加润滑油，保证系统供油正常。 （4）若损坏，需更换机件或压缩机。 （5）更换容调电磁阀。 （6）拆机检查
7	排气温度过高	（1）制冷剂量不足。 （2）膨胀阀卡死或参数错误。 （3）高压过高，负载过大。 （4）失油或油位过低。 （5）压比过大，辅助冷却不足。 （6）系统内不凝气体含量过多	（1）补充适量制冷剂。 （2）检查阀体，调整膨胀阀参数。 （3）排除管路阻塞故障，保证冷却水温度和流量符合要求。 （4）调试系统，保证回油正常或增加适量润滑油。 （5）检查辅助冷却系统，保证动作正常。 （6）对系统重新抽真空，保证系统真空度和制冷剂纯度
8	排气温度过低	（1）系统制冷剂过多，大量液体被压缩。 （2）冷却水温不符合要求。 （3）膨胀阀选用不当或参数不正确。 （4）喷液电磁阀泄漏或动作不正确	（1）重新调整系统制冷剂量。 （2）调整冷却水使其符合机组要求。 （3）更换合适的膨胀阀或重新调整膨胀阀过热度。 （4）若是喷液电磁阀内漏的问题，则更换喷液电磁阀；若参数设置不正确，则重新设置开启参数
9	排气压力过高	（1）系统制冷剂过多。 （2）系统内不凝气体含量过多。 （3）系统水流量不足	（1）重新调整系统制冷剂量。 （2）对系统重新抽真空，保证系统真空度和制冷剂纯度。 （3）检查水系统，排除水系统故障，保证冷却水流量和冷却水温度符合机组要求
10	吸气压力过低	（1）系统制冷剂量不足。 （2）干燥过滤器或压缩机吸气滤网阻塞。 （3）冷冻水流量不足或水温过低。 （4）制冷剂泄漏	（1）重新调整系统制冷剂量。 （2）清洗或更换过滤器、过滤网，更换过滤器滤芯。 （3）检查水系统，排除水系统故障，保证冷却水流量和冷却水温度符合机组要求。 （4）检查系统是否有漏点

十四、维护与保养

（一）概述

本部分介绍机组的预防性维护的相关内容。正确的维护和及时的维修，有利于保证美的水冷半封闭螺杆型冷水机组时刻处于最佳状态、保持最高效率，延长机组的寿命。

维护指的是对机组的预防性保养，维修指的是对产生故障的机组所做的修理。客户有责任根据本手册的要求制定维护规程，指定合格的设备管理工程师和专门的机组操作员进行机组的日常维护和定期维护。机组的维修工作由有资格的大维修机构进行。在机组保修期之后可与本公司的当地客户服务部达成机组保养协议，以保证得到及时、有效的修理而让机组长期可靠地运行。

注意：在机组保修期内由不正确的维护而导致的机组维修，将导致用户额外费用的支出。

机组维护保养的最基础性的工作是每天以一定的时间间隔（例如 2 h）真实地记录机组的运行参数，填写机组运行参数表（包括高压、低压，吸气、排气温度，过冷度、过热度等关键参数）。真实而完整的运行参数有助于分析机组运行的可能发展趋势，有助于及时发现和预测机组可能出现的问题，做到防患于未然。

例如：通过对一个月的操作记录的分析对比，我们可能会发现机组的冷凝温度与冷却水出水温度差值有不断增大的趋势，这种趋势说明冷却水可能较脏或硬度较高，冷凝器的管束正在不断结垢，需要对水进行软化处理或清洗管束。

注意：保存机组调试时正常运行的参数非常有用，可以用这些参数作为基准，与以后的运行记录进行比较来发现问题。

（二）常规保养项目及方法

常规保养项目及方法见表 A9 所列。

表 A9　常规保养项目及方法

序号	维护保养项目		维护保养频度	合格基准（处理方法）	备注
1	一般性	噪声	随时	以听觉判断是否有异声	站在机组周围 1 m 左右处观察
		振动	随时	观察配管和各零件是否有振幅过大的现象	
		电源电压	随时	额定电压的±10%以内	
		开/停机顺序	开/停机时	按照机组启动/停机程序执行	
		记录机组运行参数	1 次/2 h	按时记录	
2	机体外观	清洁	随时	随时保持清洁	
		铁锈	随时	用铁刷除锈，再涂防锈漆	
		平稳	随时	锁紧各个螺丝	
		隔热材料剥落	随时	用粘贴剂粘好	
		漏水	1 次/月	检查排水管是否堵塞	

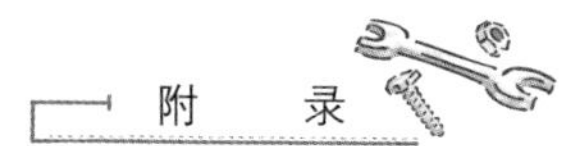

（续表）

序号	维护保养项目		维护保养频度	合格基准（处理方法）	备注
3	压缩机	噪声	随时	启动瞬间、运转或停止时，无异声产生	
		绝缘电阻	1 次/年	用直流 500 V 摇表测试时其值须在 5 MΩ 以上	
		防振橡胶老化	1 次/年	手触压有弹性为合格	
		中期检查	1 次/3000 h	注意噪声、振动、油位等方面的情况	
		中期检查	1 次/6000 h	安全装置和保护装置的动作确认	
		油位（油质）	随时	正常油位在视油镜中部，如发现油位有较大的下降，应及时添加润滑油	
			1 次/月	无脏物，无变质（更换润滑油）	过滤芯更换由维修人员进行
			1 次/年	对润滑油做理化分析，无乳化现象（更换同牌号润滑油）	润滑油更换由维修人员进行
4	冷凝器	冷却水流量	随时 1 次/月	调整水流量，使水压处于±5%基准以内	参考水质水垢关系表
		水温		基准以内	
		水质		基准以内	
		洁净度	随时	高压压力保持在基准内	
		排水	随时	长期不用时，将冷凝器中的水排净	配管里的水也要排尽
		压力值	随时	一般应为 1.2～1.8 MPa	
5	冷凝器	冷凝器管程结垢程度	1 次/年	冷却水出水温度与冷凝器制冷剂温度的温差大于 6 ℃（用专用刷子清洗换热管）	清洗工作由维修人员进行
		冷凝器焊缝	1 次/3 年	无泄漏	由合格的维修机构进行
		冷凝器水系统管路过滤器	机组开机运行 24 h 后	清洗冷凝器水系统管路过滤器	
			1 次/季度	清洗冷凝器水系统管路过滤器	
6	蒸发器	冷冻水流量	随时	±5%基准以内	参考防冻液物理特性 参考水质水垢关系表
		温度		基准以内	
		防冻液浓度	1 次/月	保证设定浓度以上	
		水质		基准以内	
		洁净度	随时	低压压力保证在基准内	
		排水	随时	若长期不用，将蒸发器中的水排尽	配管里的水也要排尽
		蒸发器水系统管路过滤器	机组开机运行 24 h 后	清洗蒸发器水系统管路过滤器	
			1 次/季度	清洗蒸发器水系统管路过滤器	

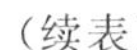
（续表）

序号	维护保养项目		维护保养频度	合格基准（处理方法）	备注
7	高、低压压力开关	动作性	1 次/月	依“各种保护装置动作值”检查	动作时注意接点机构是否良好
8	过滤器	清洁	随时	干燥过滤器进出口温差小于 2 ℃，通常伴随蒸发压力过低以及蒸发温度与冷冻水出水温度的差值增大的现象（及时更换过滤芯）	
9	操作阀	动作性	1 次/月	开关的动作圆滑	
10	安全阀	完好性	1 次/年	拆开安全阀的接管，仔细检查阀体，看其内部是否有腐蚀、生锈、结垢、泄漏现象（更换安全阀）	由维修人员进行
11	冷冻循环	冷媒泄漏	1 次/月	用检漏器探测机体本身及配管接合部位是否有制冷剂泄漏。将冷凝器、蒸发器内水排尽，检查水的进出口处是否有泄漏	可用电子式检漏器、喷灯式检漏器或肥皂水
12	电器控制	绝缘电阻	1 次/月	用直流 500 V 摇表测时其值为 1 MΩ 以上	
		导线的接触性	1 次/月	导线绝缘层不能破损，接触良好，螺栓紧固	
		电磁接触器	1 次/月	往复按数次接点“ON－OFF”，没有火花或蜂鸣声产生，外观无异常现象	往复实验时每次间隔 3 min 以上，以免触点受损
		旋转开关	1 次/月	动作须圆滑	
		补助继电器	1 次/月	动作无异常	
		限时继电器	1 次/月	依所设定的时间动作	
		温度调节器	1 次/月	调节的温度须和设定温度吻合	

（三）清洗保养准则

1. 水质和水垢及腐蚀量之间的关系

水质和水垢及腐蚀量的关系见表 A10 所列。

表 A10　水质和水垢及腐蚀量的关系

序号	水质	水垢	腐蚀性	备注
1	pH≤6（显酸性）的水	质硬	大	易生成微溶物 $CaSO_4$
2	pH≥8（显碱性）的水	质软		Fe^{3+} 或 Al^{3+} 形成软质流动性沉淀物
3	Ca^{2+}、Mg^{2+} 含量多的水	硬性		容易形成硬性水垢

（续表）

序号	水质	水垢	腐蚀性	备注
4	Cl^- 含量多的水	污垢生成物	特强	对铜和铁的腐蚀量大
5	SO_4^{2-}、SiO_3^{2-} 含量多的水	质硬	大	易生成硬性 $CaSO_4$ 和 $CaSiO_3$
6	Fe^{3+} 含量多的水	水垢生成量多，质硬	大	$Fe(OH)_3$ 和 Fe_2O_3 的沉淀物
7	有异臭的水	污垢多	特强	易生成硫化物（特别是 H_2S）、氨气和沼气，对铜的腐蚀性很强
8	有机物含量高的水	污垢多		易生成水垢
9	汽车、化学厂、电镀厂、污水处理厂、氨冷冻厂、纤维厂等排出的废水		大	水质不良易造成冷凝器的铜管受腐蚀而穿孔

2. 常温循环法（A）

冷却水＝（冷凝器容量＋配管容量＋盛筒容量）×1/3（洗净剂浓度 33%）

3. 常温循环法（B）

冷却水＝（冷却塔水槽容量＋冷凝器容量＋配管）×1/10（洗净剂浓度 10%）

将冷水机停止运转而实施清洁工作时，冷却塔水槽的水容量只要 1/3～1/2 即可，但若冷水机边运转边实施清洁工作，则水槽里的水量必须保持额定值。

4. 使用清洗剂时的注意事项

（1）实施清洗作业时，请戴橡胶手套，并注意不要让清洗剂喷到衣服、脸上。万一不小心接触到清洗剂，请速用清水清洗。

（2）盛装清洗剂的容器请用塑胶制品或玻璃制品，不能用铅制容器。

（3）用过的清洗剂，要用石灰或苏打中和后方可排到水沟里。

（4）清洗剂对人体有害，保管时请不要放在儿童可触及的地方。

（5）清洗后机组需要再运转，以确定清洗的效果。如果未达到预期效果，需再度清洗。

（四）干燥过滤芯更换程序

（1）关断干燥过滤器两端的关断阀（如果干燥过滤器只有一端有关断阀，则须进行制冷剂回收）；

（2）排放干燥过滤器段少量制冷剂；

（3）打开干燥过滤器端盖；

（4）取出旧的干燥过滤芯，装进新的干燥过滤芯；

（5）装回干燥过滤器端盖（注意检查密封垫在拆卸时有无损坏），拧紧螺栓；

（6）对干燥过滤器段局部抽真空；

（7）打开关断阀，做好开机准备。

（五）电气系统维护方法

（1）启动柜、控制柜使用期间每月需定期进行除尘，并紧固各接线端子，检查主回路及控制回路电缆电线与母排连接有无异常，发现问题及时处理；

（2）如欲较长时间暂停设备的使用，启动柜、控制柜需除尘，紧固各接线端子后，做好防尘、防潮工作；

（3）适宜的温度、湿度有利于电器元件安全运行，过高或过低的温度、湿度都将影响其安全运行，并降低其使用寿命，因此需注意环境温度、湿度的变化；

（4）若发现接线端子有生锈现象，应及时更换，以免接触不良对设备正常运行产生较大影响。

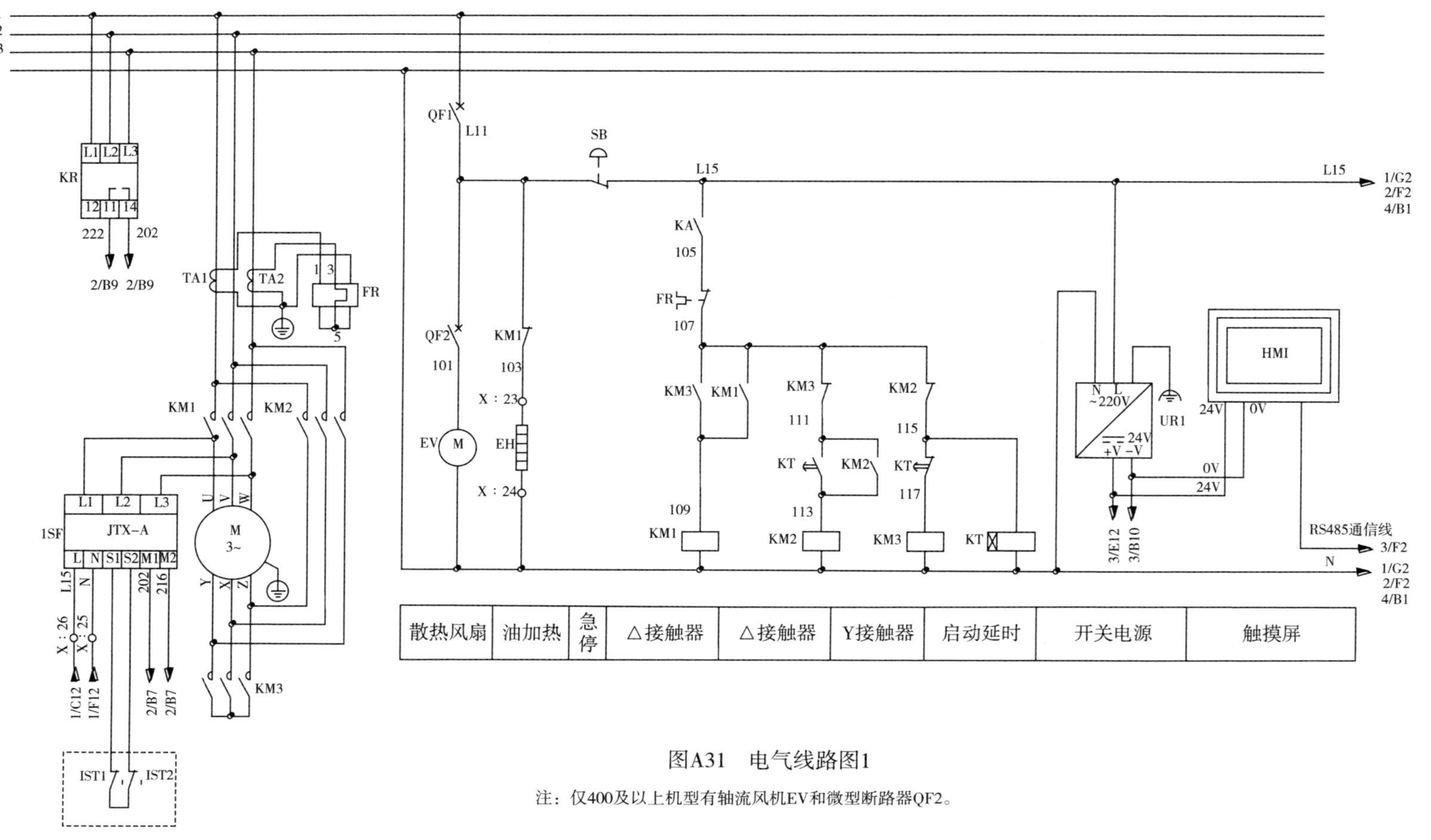

图A31 电气线路图1

注：仅400及以上机型有轴流风机EV和微型断路器QF2。

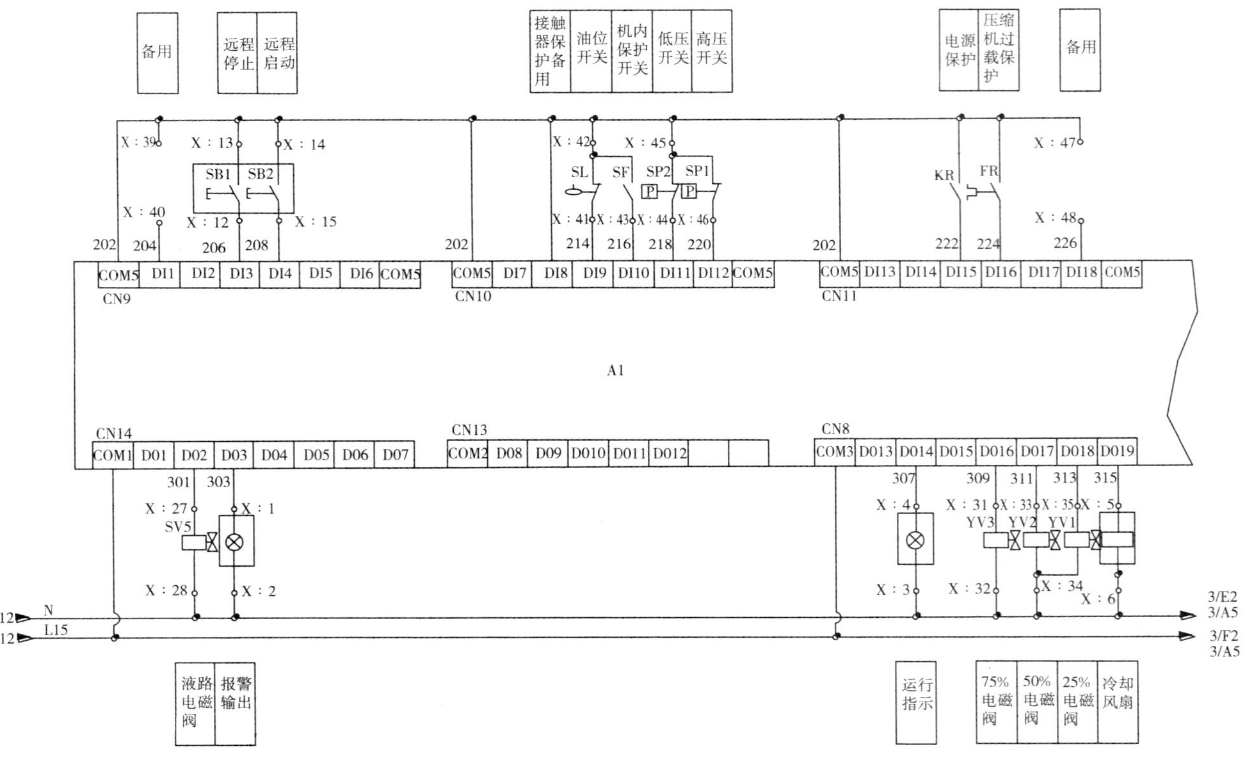

图A32 电气线路图2

注：LSBLG740-860/M（Z）机型无液路电磁阀；
LSBLG130-400/M（Z）Ⅲ机型无液路电磁阀及油位开关，油位开关输入点需短接；
LSBLG255-400/M（Z）Ⅳ机型无液路电磁阀有油位开关；
LSBLG130-170/M（Z）Ⅲ机型可调电磁阀为33%电磁阀（对应图中25%电磁阀）及66%电磁阀（对应图中50%电磁阀）。

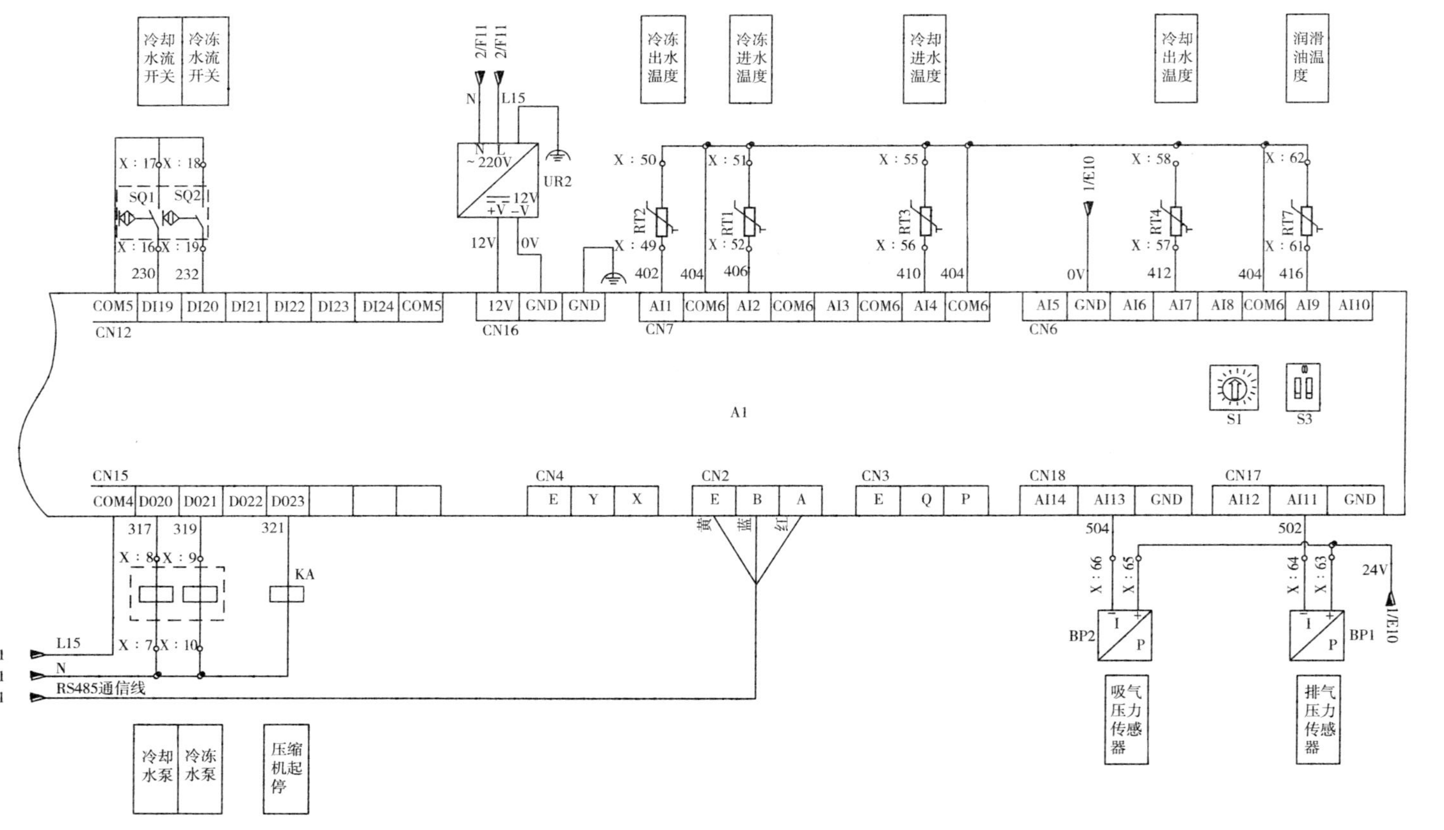

图A33 电气线路图3

注：虚线框内为用户接线；

主控板S3拨码开关说明（拨码1—单机头拨到“ON”，双机头拨到“OFF”；拨码2—无油温传感器拨到“ON”，有油温传感器拨到“OFF”。

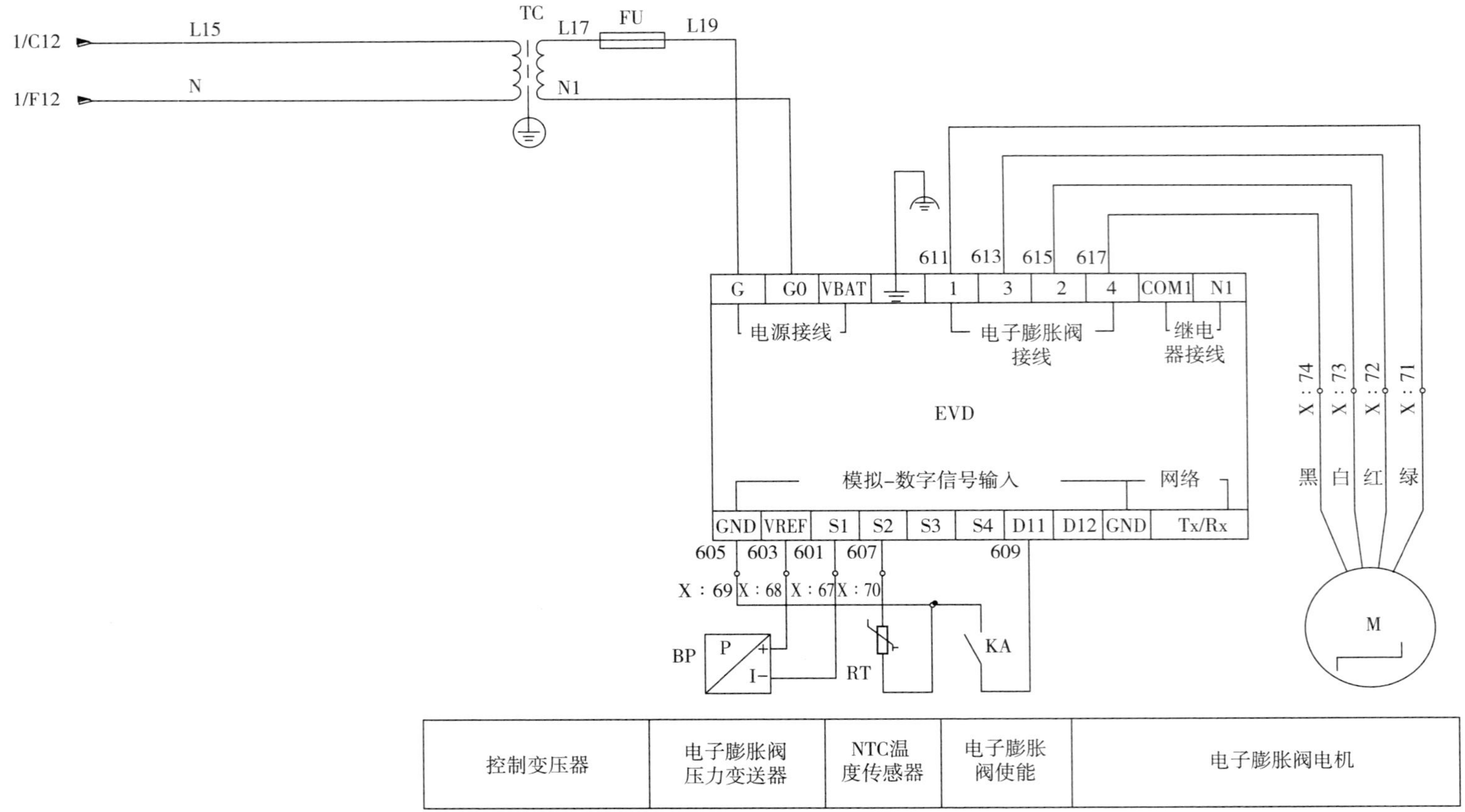

1/C12 L15
1/F12 N
TC L17 FU L19
N1
611 613 615 617
G G0 VBAT 1 3 2 4 COM1 N1
电源接线
电子膨胀阀接线
继电器接线
EVD
模拟-数字信号输入
网络
GND VREF S1 S2 S3 S4 D11 D12 GND Tx/Rx
605 603 601 607 609
X：69 X：68 X：67 X：70
BP P + I-
RT
KA
X：74 X：73 X：72 X：71
黑 白 红 绿
M

控制变压器	电子膨胀阀压力变送器	NTC温度传感器	电子膨胀阀使能	电子膨胀阀电机

图A34 电气线路图4

注：仅LSBLG740-860/M（Z）机型有电子膨胀阀。

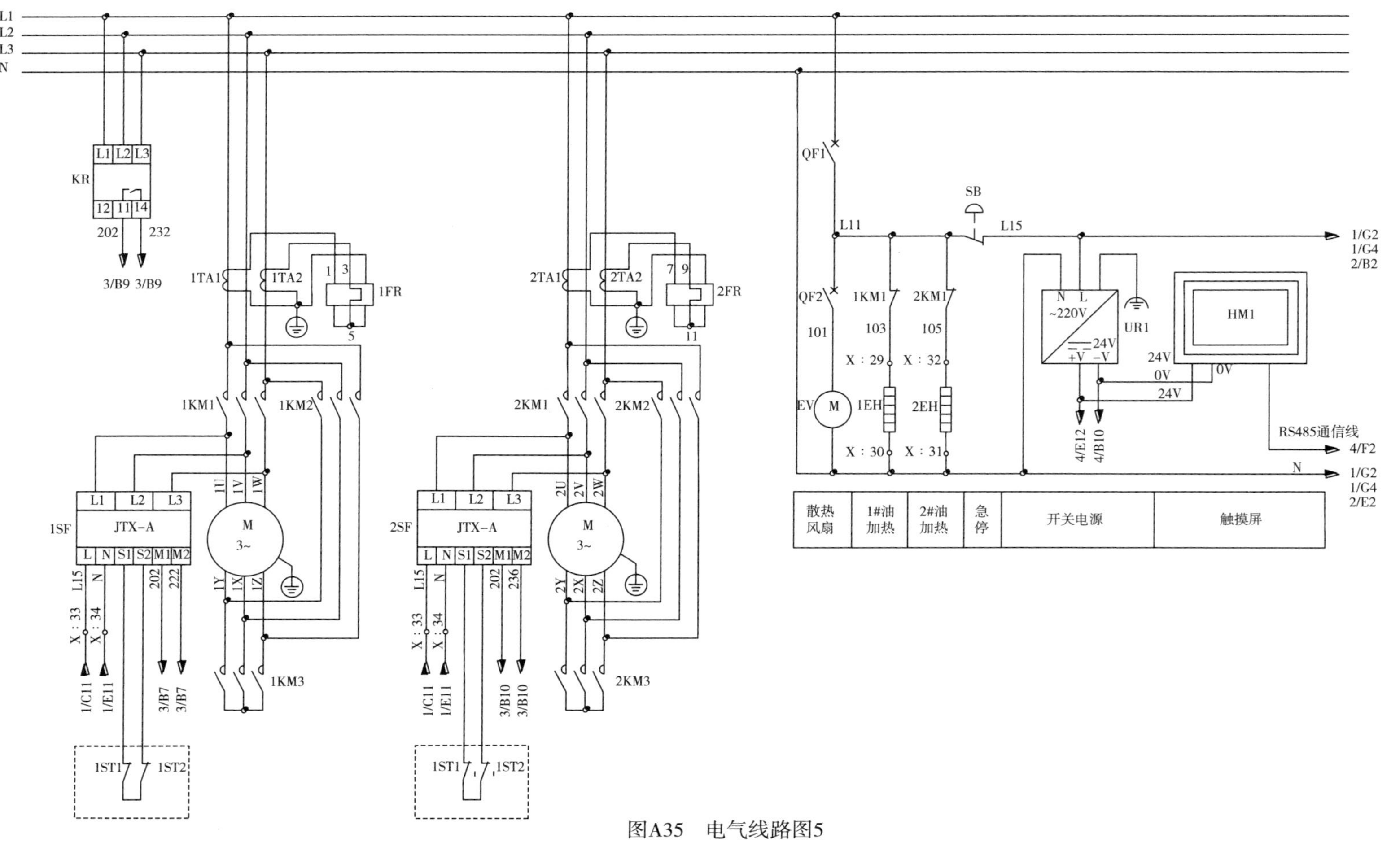

L1
L2
L3
N
KR
202
232
3/B9 3/B9
1TA1
1TA2
1FR
1KM1
1KM2
1KM3
M
3~
1SF
JTX-A
1ST1
1ST2
3/B7
222
1/C11
1/E11
X : 33
X : 34
2TA1
2TA2
2FR
2KM1
2KM2
2KM3
2SF
236
3/B10
QF1
QF2
L11
101
103
105
EV
1EH
2EH
X : 29
X : 30
X : 31
X : 32
SB
L15
~220V
24V
0V
UR1
HM1
4/E12
4/B10
RS485通信线
4/F2
1/G2
1/G4
2/B2
2/E2
散热风扇
1#油加热
2#油加热
急停
开关电源
触摸屏

图A35 电气线路图5

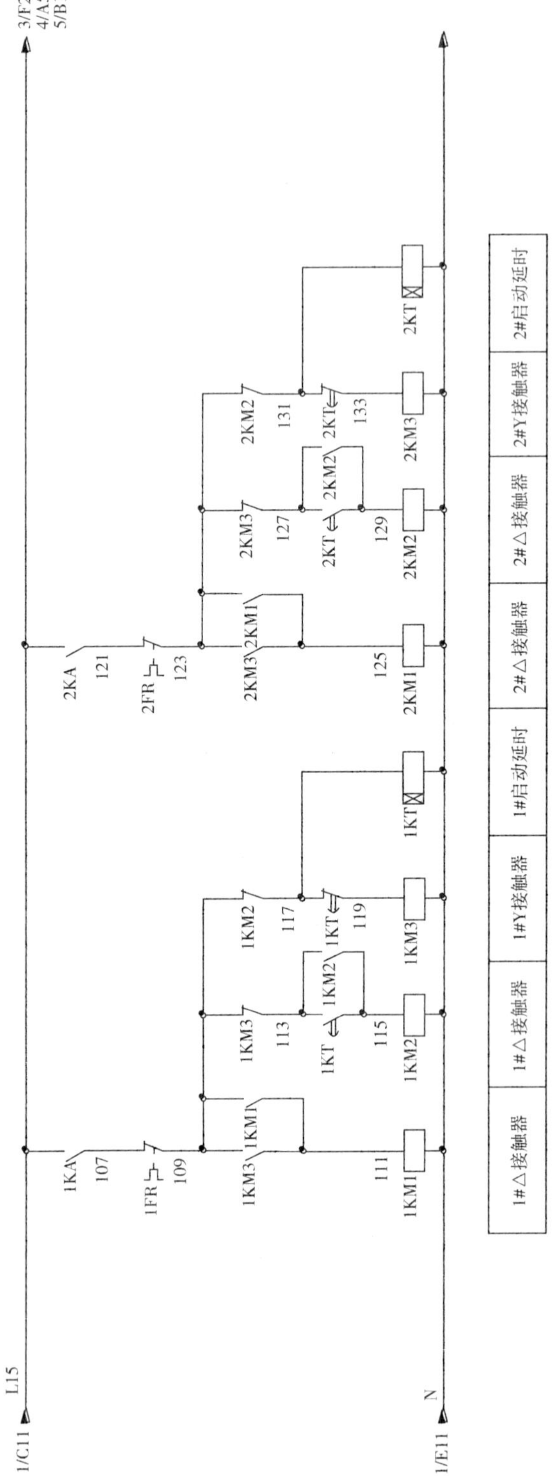
3/F2
4/A5
5/B1
L15
1/C11
N
1/E11
1KA
107
1FR
109
1KM3
1KM1
111
1KM1
1KM3
113
1KT
115
1KM2
1KM2
1KM2
117
1KT
119
1KM3
1KT
2KA
121
2FR
123
2KM3
2KM1
125
2KM1
2KM3
127
2KT
129
2KM2
2KM2
2KM2
131
2KT
133
2KM3
2KT
1#△接触器
1#△接触器
1#Y接触器
1#启动延时
2#△接触器
2#△接触器
2#Y接触器
2#启动延时

图A36 电气线路图6

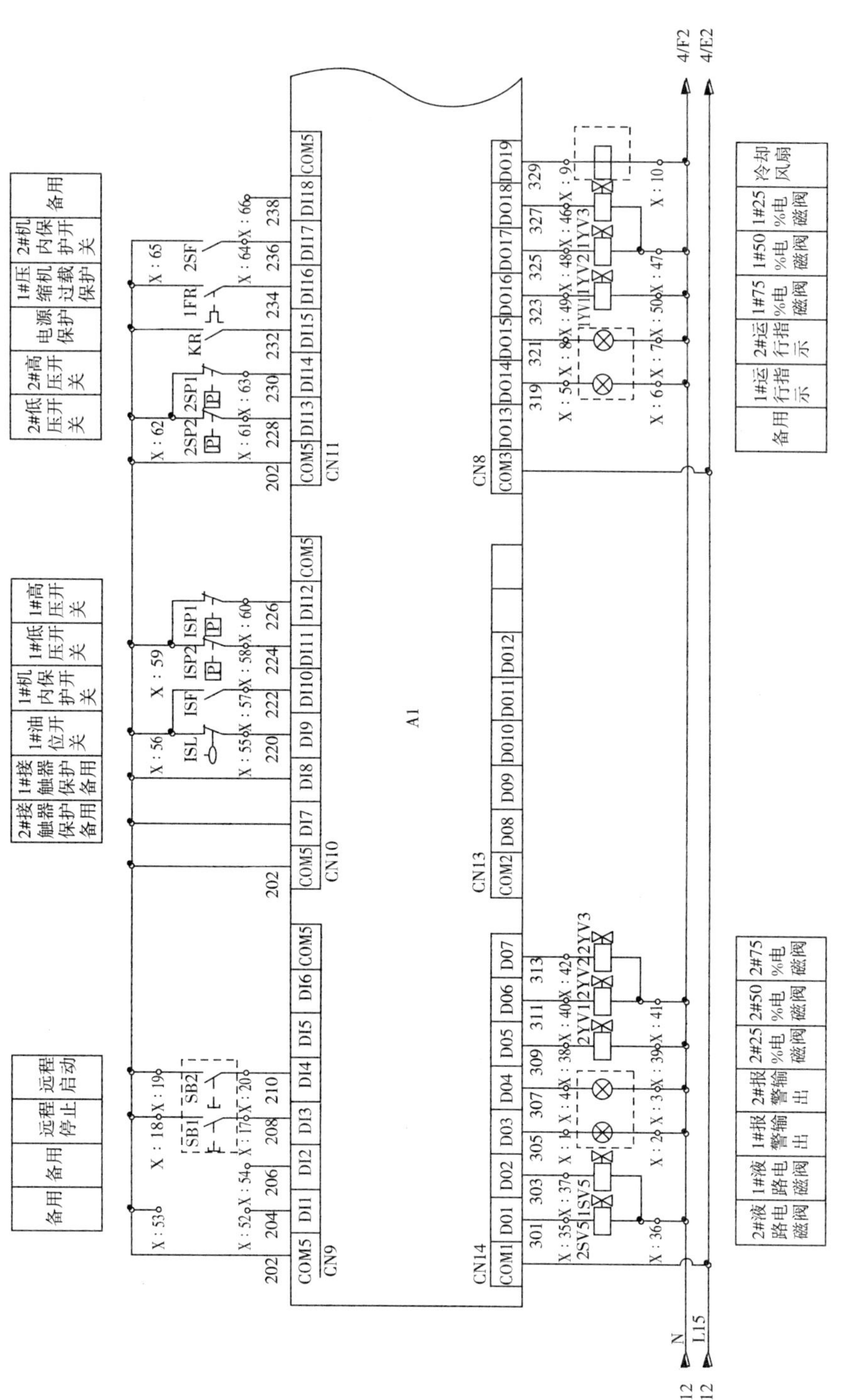

图A37 电气线路图7

注：虚线框内为用户接线；
LSBLG1370-1490/M机型仅有1#液路电磁阀；
LSBLG1620-1720/M机型无液路电磁阀。

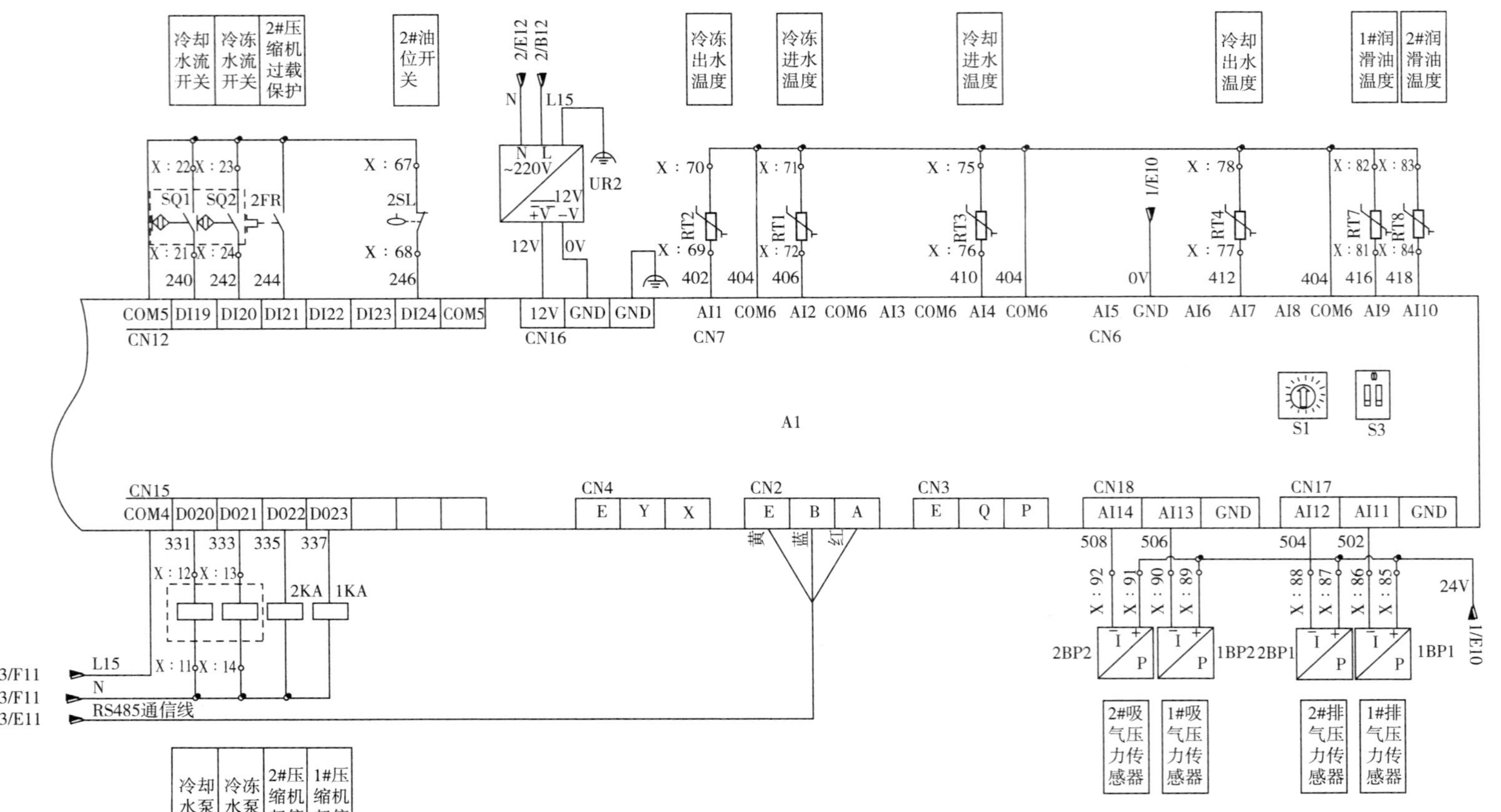

图A38 电气线路图8

注：虚线框内为用户接线；

主控板S3拨码开关说明（拨码1—单机头拨到“ON”，双机头拨到“OFF”；拨码2—无油温传感器拨到“ON”，有油温传感器拨到“OFF”）。

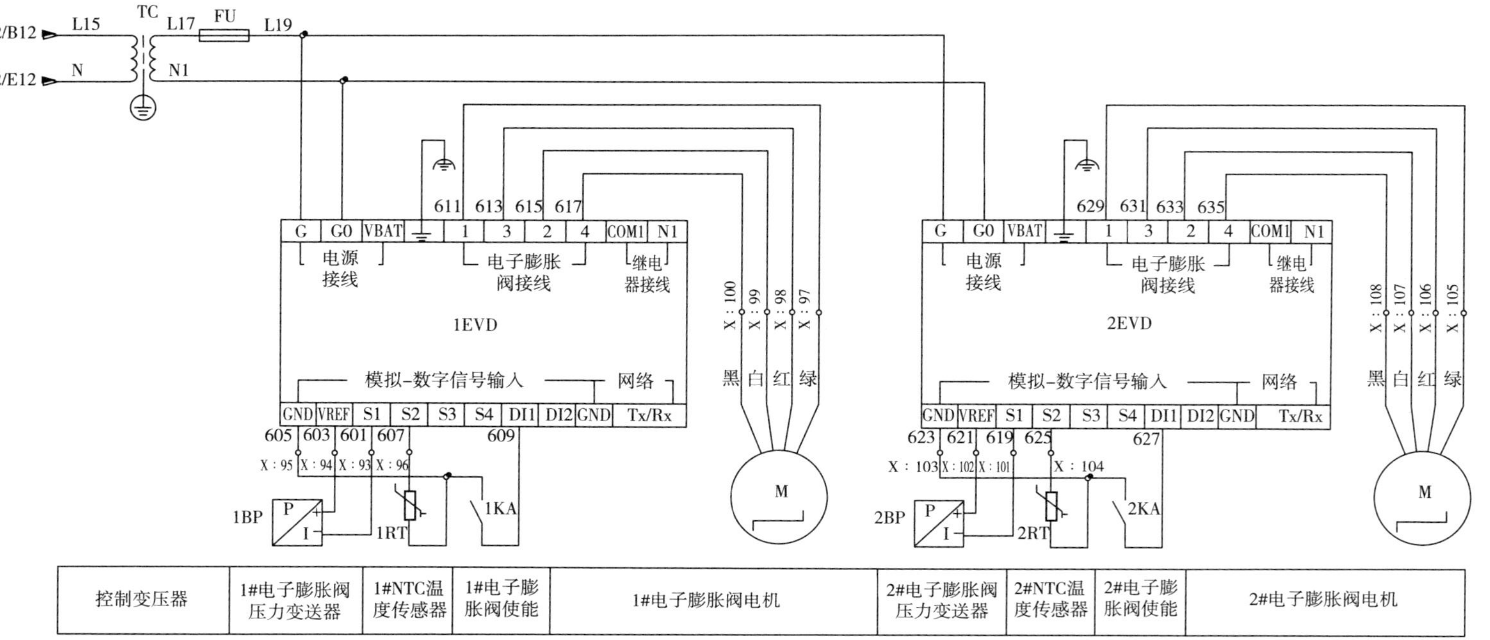

图A39　电气线路图9

注：LSBLG1370–1490/M机型仅有一个2#电子膨胀阀；LSBLG1620–1720/M机型有2个电子膨胀阀。

参考文献

[1] 林利芝．中央空调运行管理与维护保养［M］．北京：机械工业出版社，2017.
[2] 黄升平．中央空调的安装与维修［M］．北京：机械工业出版社，2015.

图书在版编目（CIP）数据

中央空调原理与维护/余向阳，吴义龙主编．—合肥：合肥工业大学出版社，2024.3
ISBN 978－7－5650－6403－6

Ⅰ.①中…　Ⅱ.①余…　②吴…　Ⅲ.①集中空气调节系统—理论②集中空气调节系统—维修　Ⅳ.①TB657.2

中国国家版本馆 CIP 数据核字（2023）第 176847 号

中央空调原理与维护

余向阳　吴义龙　主编　　　　责任编辑　毕光跃　郭　敬

出　版	合肥工业大学出版社	版　次	2024 年 3 月第 1 版
地　址	合肥市屯溪路 193 号	印　次	2024 年 3 月第 1 次印刷
邮　编	230009	开　本	787 毫米×1092 毫米　1/16
电　话	理工图书出版中心：0551－62903204	印　张	10.5
	营销与储运管理中心：0551－62903198	字　数	262 千字
网　址	press. hfut. edu. cn	印　刷	安徽昶颉包装印务有限责任公司
E-mail	hfutpress@163. com	发　行	全国新华书店

ISBN 978－7－5650－6403－6　　　　定价：33.00 元